21世纪国家级工程训练中心创新实践规划教材

慧鱼创意机器人设计与实践教程

（第二版）

曲凌 编著

上海交通大学出版社
SHANGHAI JIAO TONG UNIVERSITY PRESS

内容提要

本书以慧鱼构件为基础，系统介绍创意机器人制作所涉及的基础知识、主要构件组成、机器人机构的设计、控制程序开发环境 ROBO Pro 的使用和 PLC 控制等问题，并配以相应的练习题和一些作品实例。读者通过阅读本书，可从零基础开始，达到最终能够设计和动手制作出功能各异、形象生动的各类创意机器人。

本书在编写过程中，以德国慧鱼公司的基础产品作为主要控制对象，结合大、中学校创新实践课程改革，强调自主创意、动手实践、机电控制、传感器等多项技术综合，具有一定的先进性、启发性和实用性。

本书可作为使用慧鱼教具教学的高等院校机器人设计与制作等选修课教材，也可作为喜欢制作简易机器人却没有任何理论和实践基础的各界爱好者的自学参考书。

图书在版编目(CIP)数据

慧鱼创意机器人设计与实践教程/曲凌编著. —2 版. —上海：上海交通大学出版社，2015(2024 重印)

ISBN 978-7-313-11841-7

Ⅰ. 慧...　Ⅱ. 曲...　Ⅲ. 机器人—制作—教材　Ⅳ. TP242

中国版本图书馆 CIP 数据核字(2014)第 175163 号

慧鱼创意机器人设计与实践教程

(第 2 版)

编　　著：曲　凌

出版发行：上海交通大学出版社　　地　　址：上海市番禺路 951 号

邮政编码：200030　　电　　话：021-64071208

印　　制：江苏凤凰数码印务有限公司　　经　　销：全国新华书店

开　　本：787mm×960mm　1/16　　印　　张：11.75

字　　数：217 千字

版　　次：2007 年 8 月第 1 版　　2015 年 5 月第 2 版　　印　　次：2024 年 6 月第 9 次印刷

书　　号：ISBN 978-7-313-11841-7

定　　价：35.00 元

前　言

近年来，机器人学作为一门结合机械、电子、计算机技术等多门学科知识的新兴学科，受到越来越多的学生欢迎。很多人在理论上都表现出对机器人的浓厚兴趣，但是当真的要动手制作时，却经常发现无处下手，相关教材或者是理论太深，或者是制作过程繁琐，本书是在创新实践的基础上，对于如何引导新手接触机器人这一领域所做的一些探索。

对于从未制作过机器人的读者来说，如果所有涉及的材料全部要自己动手，从头开始加工制作，恐怕并不是一件容易的事情。而要想在这种制作的环境下，迅速地理顺机器人复杂的组成结构，熟练地通过各种方法，设计出既富有创造力和想象力又合理美观的作品，更是难上加难。另外，机器人作为机电高度结合的产物，即使有深厚的机械基础，如果对于电路设计以及控制程序的开发环境一窍不通，同样意味着作品无法实现，制作起点太高，往往是在体会到成就感之前，就已经放弃了，这也是很多人想做却始终无法开始做的原因。

为了想办法降低初学者的入门门槛，使之通过简单的学习，就可以很容易的制作出机器人成品来，体验到作品完成时的喜悦，这里走了一条捷径，使用慧鱼教具作为辅助，读者只需要掌握慧鱼零件的特点，熟悉组装和搭建的规则，就可以利用慧鱼各种构件成品材料，熟练搭建各种机器人模型。另外，通过学习与之相配套的开发环境 ROBO Pro，掌握其流程框图式的编程原理和技巧，按照提出的要求编写出相应的控制程序，就能够让机器人作品实现设定的动作。

使用慧鱼构件，不仅仅是为了通俗易懂，降低机器人制作的起点，同时也提供了一种特殊的学习模式：在任务驱动下一边动手制作，一边学习相关知识。机器人制作的过程，也是一个不断思考的过程，从对零件外形和特点的学习到典型机构的设计，从零件组合的技巧到特殊功能的实现，从功能模块的选择到逻辑顺序的安排，每时每刻都会出现新的问题，而且都不是脱离实际的抽象问题，明确的目标激励人们主动地去寻找答案、解决难题，制作者也掌握了相关知识点，最后既得到满意的作品又学到足够的知识，这种快乐的学习方法，也正是本书所追求的效果。

轻松完成第一个机器人作品，让更多的人体会到动手制作的快乐！

本书由四部分组成：第一部分，简述机器人的基础知识；第二部分，讲解慧鱼机器人结构制作相关知识；第三部分，介绍开发环境和控制程序的编写方法；第四部分，主要是慧鱼机器人制作的练习题和其他控制方式的扩展。各部分的内容相对独立,读者可根据自己的需要有选择地阅读。

在机器人构造的讲解以及作品示范中,本书选择慧鱼(Fischertechnik)主要是基于以下几点考虑:

1. 简易性

慧鱼构件中已经包括很多组装机械结构的零件,如齿轮、转轴、链条等,都可以直接使用,不需要花费大量的时间和精力单独制作。采用这些构件完全可以从零开始设计并搭建各种机构,另外其自带的可编程控制软件,极大方便了读者体验机器人从设计、制作到程序编写、调试的全过程。

2. 灵活性

慧鱼构件种类繁多,可以反复拆装,无限扩充,其组合方式灵活,利于创新。

3. 牢固性

慧鱼构件质量和制造工艺比较高,是为了工程人员设计和布置厂房而开发的拼装模型,每个零件都有相互固定用的衔接点,因此该构件擅长各种机器人尤其是工业自动化机器的组装,并且搭建的框架结构具有极高的稳固性。

4. 产品的系统性

慧鱼构件是按照产品主题进行分类的,每一类都有不同的侧重点,在制作的同时亦可以系统地学习该领域内的知识,例如,机器人组合包主要包括编程实验、移动、工业、气动、仿生等几大类,本书以最具代表性的实验、移动和气动机器人系列为主,介绍慧鱼机器人基本的组成和制作过程。

通过本书的学习,不仅要学会跟着本书进行机器人的设计和制作,更重要的是培养一种创新意识,学会工程设计和发明方法,要通过自己的创意将各种零件组装起来。

当然,机器人的结构制作不只局限于慧鱼构件,也可以使用乐高(LEGO)组件或购买散装元件甚至自己加工零件制作机器人。不论采用何种方式,关键是要自己去发现和创造,超越本书中所给的范围,向更高难度挑战。

本书在编写的过程中,感谢何应达和季珉杰为书中的实验做了增补和论证,此外得到北京中教仪人工智能科技有限公司的授权,参考并引用了慧鱼搭建手册和ROBO Pro操作手册等慧鱼产品的资料,由于作者水平有限,书中存在的不足之处,恳请读者给予批评和指正。

编　者

2014年4月

目　　录

第1章　机器人基础

说起机器人，脑海中首先闪现的是什么景象呢？钢筋铁骨的人形机械？而实际上，要制作机器人，首先对机器人要有一个正确的概念，机器人的存在状态可并不一定是人形的。通过对本章的阅读，读者将会对机器人家族有一个更广的定义，基于这种全新的理解，了解机器人的发展状况以及主要应用领域，同时为机器人制作提供一些参考主题。

1.1　机器人名字的由来

“robot”这个词，也就是通常我们说的机器人，由捷克文 robota 转变而来，来源于 1920 年捷克剧作家雷尔・查培克(Karal Capak)写的一出名为《洛萨姆万能机器人公司》(Rossums Universal Robots)的幻想剧，剧中描述了一个能制造类人机器的公司，该公司出售这种类人机器，把它们当做奴隶服务于人类，它们本来被设定为按照主人的指令工作，但最终却失控，反过来变成人类的威胁，在这里首次出现了 robot 这个词，意指“用人手创造的劳动者”。

从此，各国都援引此词的读音——“罗伯特”来称呼这种由人制造出来的能执行某种指令的自动机器，我国则采用该词的意译——“机器人”。

由于我们把它称为机器人，再加上科幻小说和电影中接触到的它大多非常接近人的形象，因此许多人会误解为机器人应该就是一种类人的自动机器，至少要有人的形状。实际上在生活中出现的机器人长得并不一样，大部分机器人家族的成员，例如，很多工业机器人甚至一点像“人”的结构都没有，但是它们也是机器人。

对于机器人这个专用名词，不能只是从字面上来理解，要深入本质分析它的构成和运行原理。

1.2　什么是机器人

机器人的定义，每个人的理解均有所不同，例如，英国伦敦大学斯林(Meredith Thring)教授就认为机器人至少有一只手和一个臂；能自行推动和自行转向；有配套的动力系统和控制系统；有能容纳一定数量指令的存储器；有各种传感器能识别对象和环境。日本早稻田大学加藤一郎教授则认为机器人要由有意识的头脑、工作的手、移动的脚、接受感觉的各种传感器这几个要素组成。

从这些定义也可以看出,大部分人对于机器人的理解还是基于“人”这个结构的,要求它具备与人接近的功能,但实际上,生活中使用的大部分机器人并不符合这一概念。

例如,目前我们技术上最成熟、应用最广泛的工业机器人,让人第一眼望去,往往都无法将它们和“人”联系起来。随着机器人在各国的发展,为了方便国际间的交流,国际标准化组织于 1983 年 12 月着手组织专门委员会来制定有关机器人的技术标准,1988 年 ISO 给工业机器人下了一个统一的定义:“是一种能自动控制,可重复编程,多功能、多自由度的操作机。”目前国际上大多遵循 ISO 的定义。

到目前为止,机器人仍未有一个统一而清晰的概念,为了便于理解机器人的各组成部分,我们可以用人的主要功能类比机器人,如表 1-1 所示。

表 1-1　机器人主要功能

功能	人	机　器　人
身体支撑	骨骼	机械结构,如连杆和关节(实现相对运动的部位)
提供动力	肌肉	电动(交、直流电机)、气动(气缸)、液压(液压缸)等驱动装置
任务操作	手脚	末端执行器、车轮
感知环境	感觉器官	传感器,如触动、光电、温度、角度、感觉、接近、图像、语音识别等
智能计算	大脑	控制系统,包括硬件(控制器)以及软件(编程开发环境)
信息表达	嘴	灯、喇叭、发光二极管等输出元件

但机器人终究不是人,它并不一定要有人的形态,也不要求必须具备表 1-1 中列出的所有组成部分,它是一种机械和电子相结合的自动化机器,为实现某些功能,可以根据人类的需要编写相应程序,我们在学习和制作机器人的时候,要首先明白这一点。

1.3　机器人的发展

从机器人技术的发展水平来看,机器人主要经历了简单可编程机器人、低级智能机器人和高级智能机器人三代。

1.3.1　简单可编程机器人

简单可编程机器人是第一代的机器人,能根据人们设定好的程序按照一定的顺序和路径实现 73B0 动作。若要更改机器人的动作,只需重新编写控制程序即可。目前大部分工业机器人都属于这类,它能分担人类的部分工作,但是它只是按照人预定的指令动作,不会感知所处的环境,更不会因为环境的变化而随时做出反应。

1.3.2 低级智能机器人

低级智能机器人是第二代的机器人，相比较第一代的机器人，它增加了一些用于感知环境的感觉装置，因此也可以称作感觉机器人。第二代的机器人可以感知到环境的简单信息，并可根据某些参数的变化进行一些分析计算，改变自身的行动。这一代的机器人已经具备了一定的自适应能力，一旦外界环境有变化，也可以做出某些反应，极大地提高了机器人的灵活性。

1.3.3 高级智能机器人

高级智能机器人是第三代的机器人，它不但具有第二代基本的感知设备和自适应能力，还能够识别工作对象和所处的环境，并根据人的指令和自身的判断结果自动确定当前环境下相应的动作。

目前对此类机器人反应能力的研究，主要集中在如下三方面：

(1) 对环境的感觉能力。

(2) 对环境的作用能力。

(3) 对环境、作业的思考能力。

这类机器人不但具有各种超强能力，如计算能力、体力、耐力等，还结合了人类灵活的反应能力和智慧。相信通过我们的不懈努力，这种人类所幻想的会自主学习的“万能机器人”最终会成为现实，到那时，也许如何好好利用它们将是人类面临的又一问题。

1.4 机器人的主要用途

机器人目前正广泛地应用于日常生活、空间探索、军事应用和工业生产等各个领域，随着科学技术的发展，自动化程度不断加深，应用的范围也在不断地扩大。在实验、采矿、冶金、农业、林业、畜牧业、纺织、食品制造等各个行业，我们看到了越来越多的机器人的身影。

1.4.1 日常生活领域

在生活领域，机器人主要用来提高人们的生活水平，丰富日常文化和娱乐生活。进入21世纪，随着科学的进步和技术的成熟，机器人家族将有更大的发展。

这里介绍几种生活领域中常见的机器人。

家政服务机器人：可以辅助甚至是代替人类从事打扫房间、做饭、倒垃圾、家庭看护等家务工作。

导游机器人:在旅游业中具有发展潜力,例如,能识别障碍和自主规划路径,可以记住大量导游词,讲解精确到位,重复性强,“体力”充沛,能代替导游24小时工作。

表演机器人:这类机器人主要用于丰富人们的娱乐生活。通过设定程序,让各式各样的机器人表演各种可看性强的动作。例如,吹笛子机器人、弹电子琴机器人等。

教学机器人:可以在教学领域中使用,通过对一系列的动作指令的学习,让学生自主编程,控制机器人实现某些预定的动作或者创意动作,巩固所学知识,在实践中体会对机器人的控制。

机器人宠物:例如,1977年日本索尼公司推出的机器人小猫,不仅能自动躲避障碍,还可以将猫的各种动作,如伸懒腰、趴下、玩球等,模仿得惟妙惟肖,很适合那些喜欢玩宠物却又不懂得如何养宠物的人。

仿人形机器人:日本在这方面的研究很多,除了仿制人的外形,还可模仿人的动作、表情。比较典型的有索尼公司的SDX-3X、本田公司的ASIMO和早稻田大学的WABOT等。2010年世博会法国馆中展出的NAO,也引起了很多人的关注。

1.4.2　空间探索领域

机器人用于空间探索,也是人们进行机器人研究的主要目的之一。这里的空间探索不仅是狭义上的对宇宙的开发,还包括其他任何对人类危险的环境或者是人类无法到达的地方,只要是人类想了解的,都是探索的目标。无疑机器人将成为辅助人们了解空间的有力工具。

星球探测车:可以探测太空中星球的气候及地质方面的数据,例如,美国Rocky火星探测车和我国的登月探测车玉兔。整个宇宙空间一直是人们想要探索的地方,但是那里的条件却不适合人类的生存,要想在那种恶劣的环境下进行各种研究,任务自然落在了能从事这种作业的机器人身上。这种机器人不光在体积、重量和能耗等方面有限制,还需要考虑适应高温、射线、失重等各种未知环境。

水下机器人:是一种可在水下移动能代替或辅助人完成各种水下作业的装置。主要用于水下搜索、拍摄、测量未知海域等工作。为了完成水下的任务,对于水下机器人的能源供给、耐压性、耐腐蚀等技术都有很高的要求。

管道机器人:可以在管道内行走,用来检查或维修管道。大部分管道或者是孔径太小,或者是里面的环境不适合人类生存,这时便需要由机器人来辅助完成各种作业。相似的还有隧道机器人等。

1.4.3　军事应用领域

军事保卫对国家的稳定发展至关重要，可以看到很多先进的特种机器人在军事上的应用。例如：

反恐防暴机器人：通常为遥控的移动机器人，有可旋转的或多个自由度的机械手，根据人的指令，进行相应的抓捕犯人、排除爆炸物等工作。

侦察机器人：可执行各种任务，如自主跟踪其他车辆越过各种障碍，深入敌方防线，收集声音、影像等有用的战斗情报，接收或破解敌方的通信并对其造成干扰和破坏等。

扫雷机器人：为了减少人员的伤亡，扫雷机器人用来代替士兵完成扫雷的任务。这种机器人通常要能适应各种复杂的地形，能到达任何步兵可到达的地方。

自主式车辆：为地面军用机器人的一种，要求有很高的灵活性，对各种意外的情况都要能尽快地适应，并且做出适当的反应。由于不需要与控制台进行频繁的指令交换，行动中就不容易被敌人干扰和破解。

机器人军团：将不同功能的机器人进行分工，组成军团。如后勤、侦察、甚至是在各种险恶环境中进行活动。

1.4.4　工业生产领域

工业生产也是目前最广泛使用机器人的领域，因为机器人的出现，将人类从枯燥重复的、繁重的生产劳动中解放出来。工业上甚至有些生产环境是有害健康的、危及性命的，工业机器人替代人类成为这里的主要劳动力，也是将来的发展趋势。现在已经有很多种机器人站上了这生产的第一线，例如：

装配机器人：这类机器人主要应用于大规模电子产品制造过程中，例如，装配流水线上用于装配芯片和各种元器件的机械手，动作精准、效率高，是加工电路板的主力军。

分拣机器人：根据物件在大小、重量、厚度或颜色等方面的不同，将它们区分开来，分类放置到合适位置。使用该机器人可以大大减少工人的工作量，并提高分拣效率和分拣精度。

搬运机器人：例如，光电或电磁导引的自动小车 AGV(autonomous guided vehicle)，可以在无人车间或自动仓库内移动，自动搬运工件或物品。

喷涂机器人：已经广泛用于汽车、家电和各种塑料制品外表的喷涂作业。由于喷涂过程中的雾状漆料对人体有害，喷涂环境不易改进，大量使用机器人可以更好地改善劳动条件、降低劳动成本。

焊接机器人：包括弧焊接机器人和点焊接机器人，在汽车、通用机械等很多行业都有应用，可保质保量地完成生产加工任务。

第 2 章　初识慧鱼机器人

本书采用慧鱼教具辅助机器人制作。本章将介绍慧鱼的特点和慧鱼的各种基本构件，使读者对慧鱼的组成有初步的了解，为开始动手设计和制作机器人奠定基础。

2.1　慧鱼简介

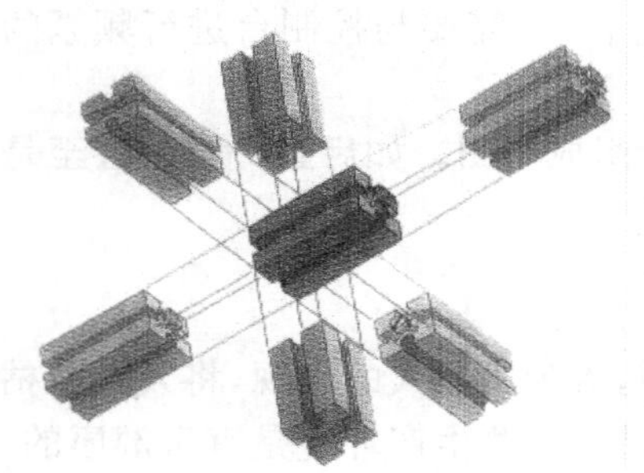

图 2-1　慧鱼创意组合模型

1964 年，慧鱼公司的创始人 Artur Fischer 博士从他的专利——六面拼接体开始，发明了“慧鱼创意组合模型”(见图 2-1)。该模型是工程技术型模型，能够展示科学原理和技术过程，为工厂研究设计工业自动化机器提供模拟、示范。

采用慧鱼构件进行机器人创意制作，主要经历如下 4 个阶段：

(1) 培养手感阶段。在这一阶段中，能熟悉慧鱼的各种构件，掌握结构特点并锻炼用双手熟练拆装。

(2) 模仿阶段。在这一阶段中，使用搭建手册来辅助，按照手册上的顺序制作标准慧鱼机器人模型，学习各种经典的机构组合方式。

(3) 改进阶段。在这一阶段，通过积累的慧鱼组合经验，在标准机器人的基础上进行改进，使之更简化或者能实现更多的动作，从而制作出不同的机器人，培养想象力和创造力。

(4) 创新阶段。在前三个阶段的基础上，将所有知识综合运用，摆脱搭建手册的约束，创造出具有新的机构和功能的机器人。

下面，就从认识慧鱼构件出发，开始机器人设计与制作的第一步。

2.2　基本构件

慧鱼机器人采用模块组合技术，其主要特点是通过大量的结构和功能各异的零件为搭建的基本单元进行机构拼装，其中基本构件主要用于支撑、固定和连接，是制作慧鱼机器人身体最基础最常用的零部件。基本构件采用燕尾槽插接的方式连接，可多次拆装，为了能组合成各种结构模型，慧鱼已开发出 1 000 余种零件，以下是为实现特定的功能而经常使用的 10 种类型：

1. 六面拼接体

六面拼接体主要用于支撑和固定机器人框架（见图 2-2），可以从六个面进行拼装，主要根据不同长度进行种类细分，有的拼接体中间开孔，如图 2-3 所示，常用于与轴类零件组装。

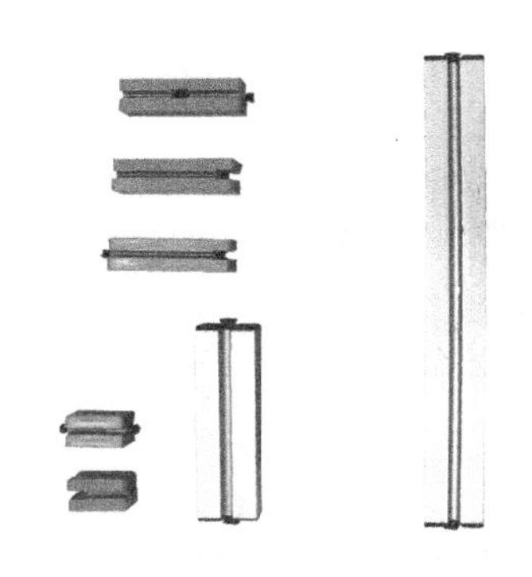

图 2-2　六面拼接体

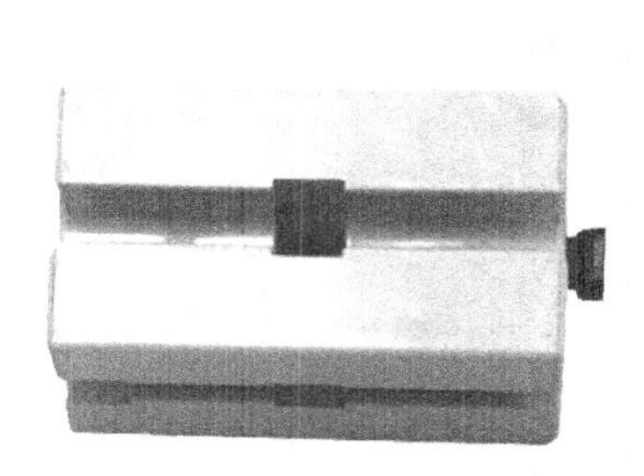

图 2-3　带孔的六面拼接体

2. 板型构件

板主要用来平滑表面、制作平台和外形装饰，板的厚度比较薄，呈片状，种类可根据不同长度和宽度进行细分，如图 2-4 所示。

图 2-4　板型构件

图 2-5　块型构件

3. 块型构件

块比板稍厚，能实现多个面的拼装，主要用于固定和小型机器人框架搭建，如图 2-5 所示，组合使用不同薄厚、大小和角度的块，能制作出特殊的外形效果。

4. 轮型构件

轮主要用做滑轮和轮毂(见图 2-6),可根据直径和材质来细分,此外,有些轮结构所具有的特殊外形还可以用来实现特别的功能,如图 2-7 所示的轮型构件,如果配合接触式开关,就可以记录轴转动的圈数。

图 2-6　轮型构件　　图 2-7　带计数功能的轮型构件

5. 轴

轴主要用来连接各种运动部件,主体结构是断面为圆形的细长杆,棒状(见图 2-8),可根据不同长度进行细分。此外,还有一种固定了小齿轮的轴以及蜗杆,如图 2-9 所示,常用于与电机的减速齿轮箱配套使用,是传递动力时必不可少的构件。

图 2-8　轴　　图 2-9　带齿轮的轴

6. 轴套与紧固件

轴套与紧固件都是内孔为圆形的零件,轴套是可以套在轴上自由活动的短圆柱,挡圈可以紧固在轴上,防止装在轴上的其他零件窜动(见图 2-10)。慧鱼构件中,还有一种特殊的紧固件,如图 2-11 所示,左列与右列的零件成对使用,带内外螺纹，通过旋转紧扣在轴上，可以将自身或齿轮等基础构件固定在轴上，随轴转动，安装时一定要注意旋紧，否则会有打滑的现象出现。

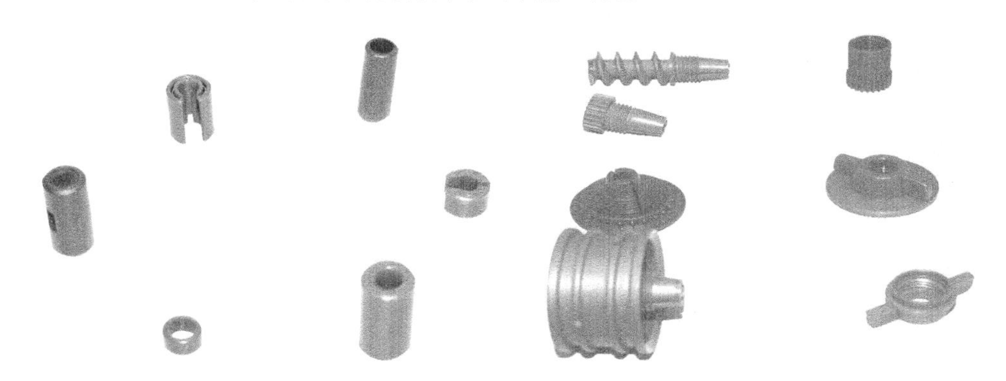

图 2-10　轴套与紧固件　　图 2-11　成对使用的紧固件

7. 齿轮和齿条

齿轮主要用于传动，可以用来改变轴的方向或改变轴转动的速度，主要根据模数和直径来细分(见图 2-12)，相同模数不同直径的齿轮可以相互啮合。与齿轮相对应使用的齿条有两类，其常用的啮合方式如图 2-13 所示。

图 2-12　齿轮和齿条　　图 2-13　齿轮齿条的两种啮合方式

8. 孔条

孔条是一种中间分布有均匀装配孔的条状构件(见图 2-14)，经常用来支撑轴和连接杆件，或用做弧形造型和装饰，如负重较轻，也可用作支撑柱承担六面拼接体的工作，使用范围广泛。

9. 连接件

连接件的个体通常比较小，在结构制作中起衔接和加固的作用，如图 2-15 所示，可以连接六面拼接体、块、轴等不同的慧鱼构件，有固定连接和活动连接两种，可用于轴的延长、关节活动和构件固定。

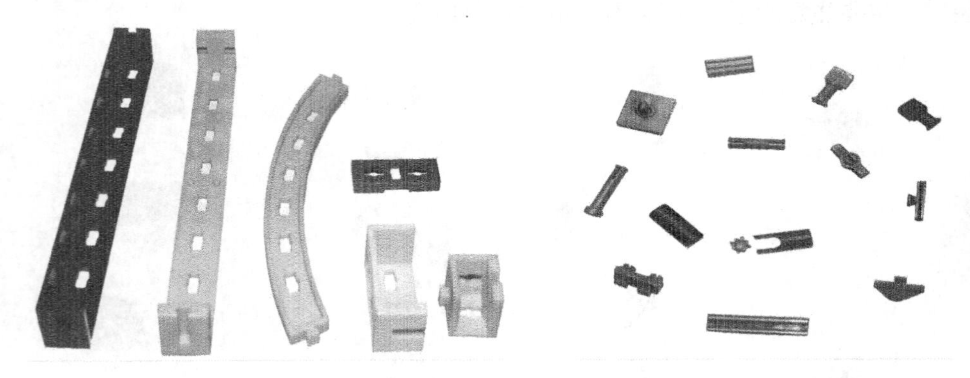

图 2-14 孔条　　图 2-15 连接件

10. 连杆件

连杆件为细条状,有均匀分布装配孔和仅在两端存在装配孔两种,如图 2-16 所示,可根据不同长度进行细分,主要用来实现各种机构,如连杆机构、凸轮机构等,以活动连接最为普遍,有时也可搭成三脚架用来稳固结构。

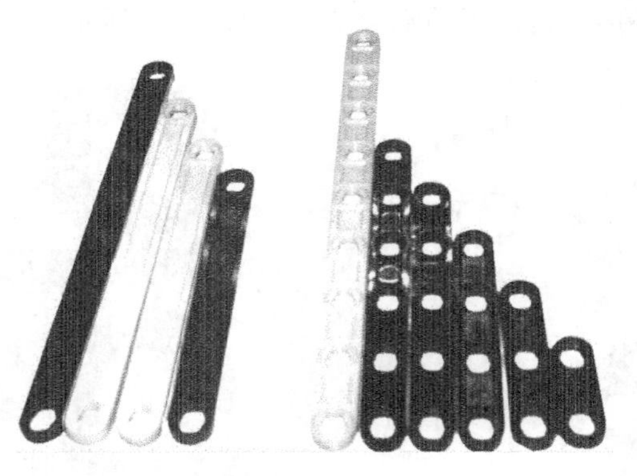

图 2-16 连杆件

2.3 主要电气元件

常用的电气元件包括 9V 双向直流电机、开关、光电传感器、温度传感器、干簧管、发光器件、电磁铁、可调直流变压器等。

1. 传感器

通过传感器,机器人可以进行感知,从而做出反应,这对机器人起着至关重要的作用,下面介绍几种慧鱼构件中常用的传感器。

触动传感器：一种按钮开关，简称开关，如图 2-17(a)所示，其红色按键有按下和弹出两种工作位置，数字量输入，有 3 个接线孔，2 种接入方式，1，3 号孔接入时为常开，即按键按下电路导通、按键弹出电路断开，1，2 号孔接入为常闭，即按键按下电路断开、按键弹出电路接通。

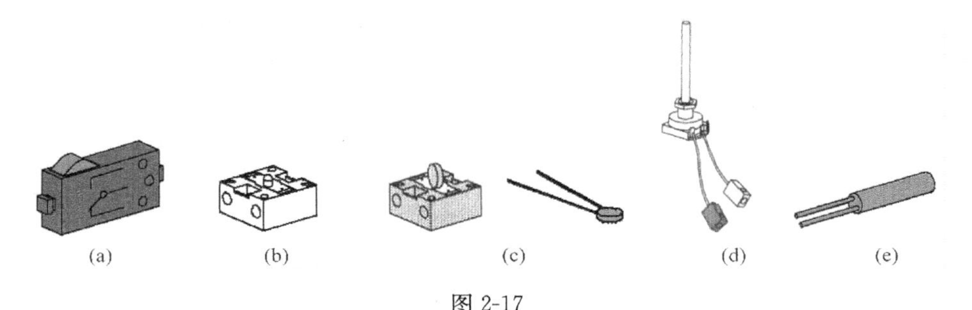

图 2-17
(a) 触动传感器　(b) 光电传感器　(c) 温度传感器　(d) 电位器　(e) 干簧管

光电传感器：如图 2-17(b)所示，用于感知外界光线的强度，可数字量输入也可模拟量输入，数字量输入时用于判断光路是否被阻断，模拟量输入时通过不同的数值分辨光强。监测亮度时经常与发光管(一种带透镜的灯泡)配合使用。

温度传感器：一种负温度系数热敏电阻(NTC)，如图 2-17(c)所示，用于感知外界温度的变化，模拟量输入，可通过不同的数值反映当前温度的高低。改变温度时经常与发光管配合使用。

电位器：如图 2-17(d)所示，可通过转动把柄改变其电阻值，用于感知旋转的角度，模拟量输入，可以通过不同的数值反映出不同的角度。

干簧管：一种可以检测磁场的传感器，如图 2-17(e)所示，永磁铁可以吸合内部的常开触点接通电路，所以也被叫做磁簧开关，数字量输入，常用于判断物体是否具有磁性。

使用各种不同的传感器组合，可以设计出不同的输入装置，如图 2-18 所示的结构，就是一种结合了光电传感器和开关的自制读卡器，可以根据卡上开孔的长度和位置，分辨出不同的卡。

2. 用电器

有了感觉，机器人要做出动作，离不开用电能进行工作的装置，它们消耗电能转换为其他形式的能量，如提供驱动力的主要元件电机，下面介绍几种慧鱼常见的用电器。

指示灯：一种电灯泡，如图 2-19(a)所示，将电能转换为光能和热能，接控制器的输出端口，分普通型和聚光型两种，前者简称灯泡，常与不同颜色的灯罩组合，用

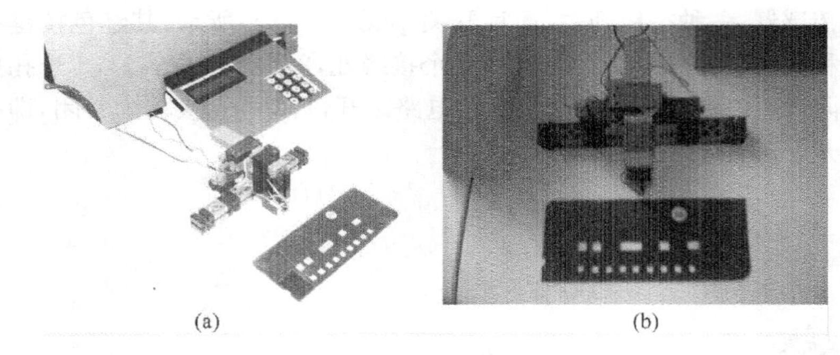

(a)　　(b)

图 2-18　自制读卡器

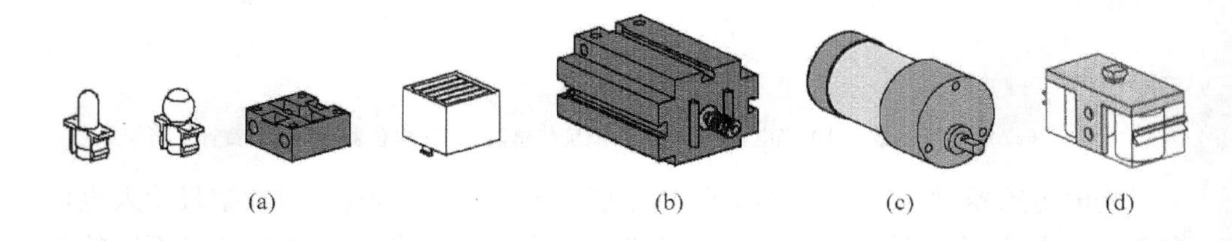

(a)　　(b)　　(c)　　(d)

图 2-19

(a) 灯泡　(b) 迷你电机　(c) 大功率电机　(d) 电磁铁

控制亮灭来表达信息，后者简称发光管，主要配合传感器使用，用于辅助得到环境数据。

迷你电机：一种直流电动机，简称小马达，如图 2-19(b)所示，通电旋转，将电能转换为机械能，接控制器输出端口，可由程序控制转动、停止以及转动的方向。迷你电机怠速 9 500r/min，最大电流 0.65A，最大扭矩 0.4N·cm，需增大扭矩后连接各种传动机构，实现不同的运动。图 2-20 是动力输出时经常与迷你电机搭配使用的减速齿轮箱。左侧的经常与齿轮配合实现旋转运动，右侧的实现在齿条上直线移动。

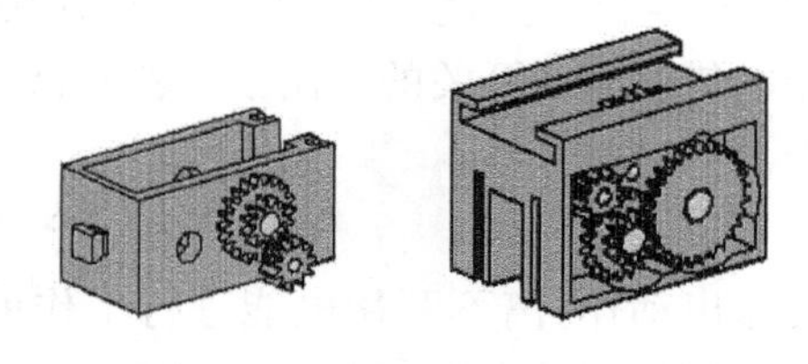

图 2-20　小齿轮箱和大齿轮箱

大功率电机：一种直流减速电机，简称大马达，如图 2-19(c)所示，已集成减速齿轮增大扭矩，型号可根据减速比不同再进行细分，减速比最大的一种为 50∶1，怠速 115r/min，最大电流 1A，最大扭矩 60N·cm，可直接连接齿轮带动机构运动，固定方式如图 2-21 所示。

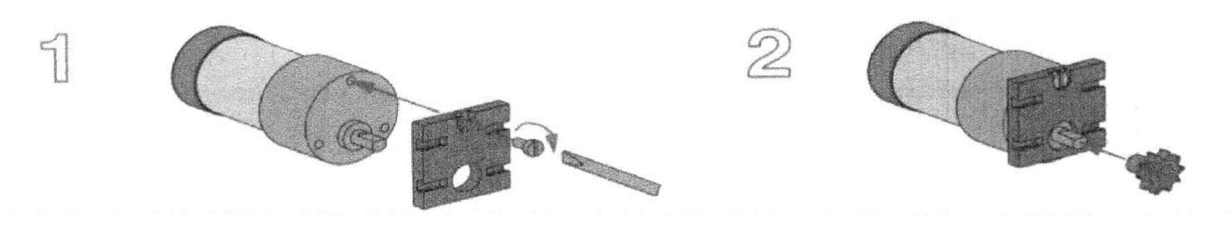

图 2-21　大功率电机的固定方式

电磁铁：如图 2-19(d)所示，通电产生磁力，接控制器输出端口，可通过控制通断电吸放硬币、小铁片、铁板等铁质物品。

3. 电源

电源，是机器人活动的能量供给。慧鱼机器人使用的是直流 9V 的电源，主要使用两种形式供电：

(1) 采用直流 9V 稳压电源适配器。这种供电形式电压和电流比较稳定，主要在联机调试的情况下使用。控制器供电时，图 2-22 中直流稳压电源可以直接与智能接口板和 ROBO 接口板相连，ROBO TX 控制器需要转换插头。此外，适配器也可以与可调直流变压器连接，如图 2-23 所示，输出 0～9V 的直流电，为机器人提供电力支持。

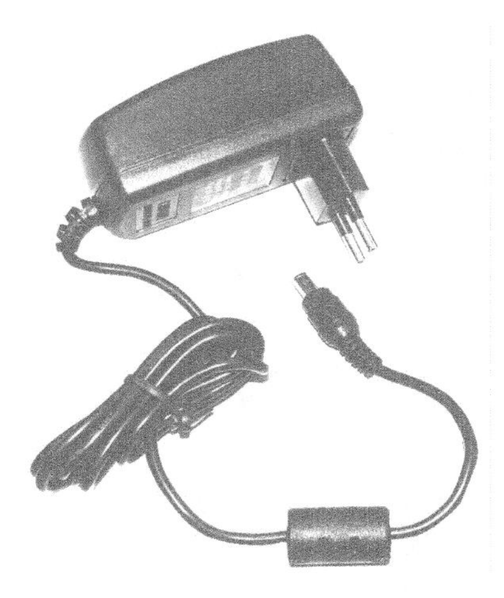

图 2-22　直流 9V 稳压电源适配器

图 2-23　可调直流变压器

(2) 使用电池组或可充电电池。这种供电形式利于机器人活动，主要应用在移动机器人领域，此时可使用慧鱼特别配制的电池盒，串联 6 节 1.5V 碱性电池得到直流 9V 的电量，其样式如图 2-24 所示，如频繁使用，建议配置可充电电池盒，如图 2-25 所示。

图 2-24　慧鱼电池盒

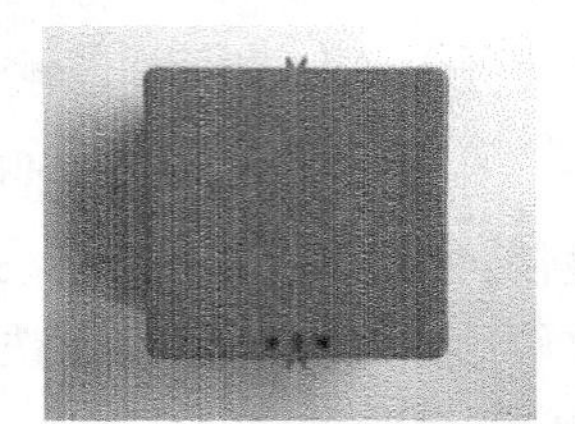

图 2-25　可充电电池盒

2.4　主要气动元件

常用的气动元件包括储气罐、气缸、气管、电磁气阀等,如图 2-26 所示:

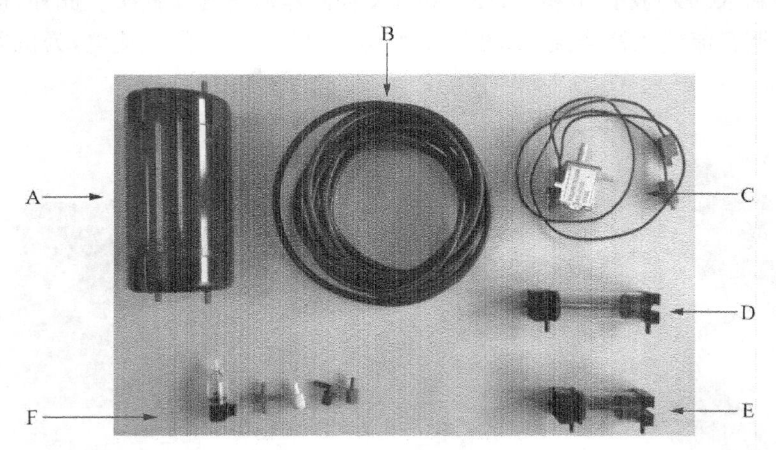

图 2-26　主要气动元件

A-储气罐;B-气管;C-电磁气阀;D-气缸;E-压缩气缸;F-连接件(单向阀、三通、弯头等)

储气罐用于存储压缩气体,气体需要通过气管输送至气动机构的各部位。

慧鱼电磁气阀是一种电动元件,接控制器的输出端,用电控制气路的通断,它有 P,A,R 三个连接端和打开、关闭两个位置,即 2 位 3 通阀,其工作原理如图 2-27(a)和 2-27(b)所示。

电磁气阀得电时,电流通过线圈(1),产生磁场将(2)下拉,阀门开启,P-A 连通,“P”端气体可送出至“A”端。断电时,弹簧(3)将通道关闭,A-R 连通,“A”端传送过来的气体可通过“R”端泄出。

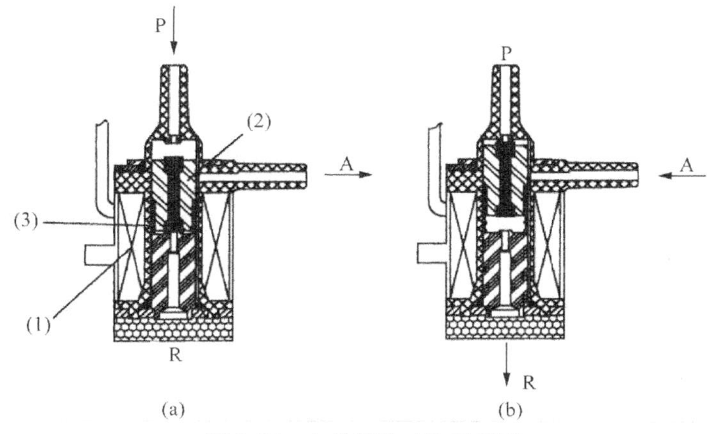

图 2-27　电磁阀的工作原理图

(a) 通道打开　(b) 通道关闭

电磁气阀可按照图 2-28 步骤与慧鱼基本构件固定，A 端通过连接件和气管连接气缸，用于机器人的气动控制。

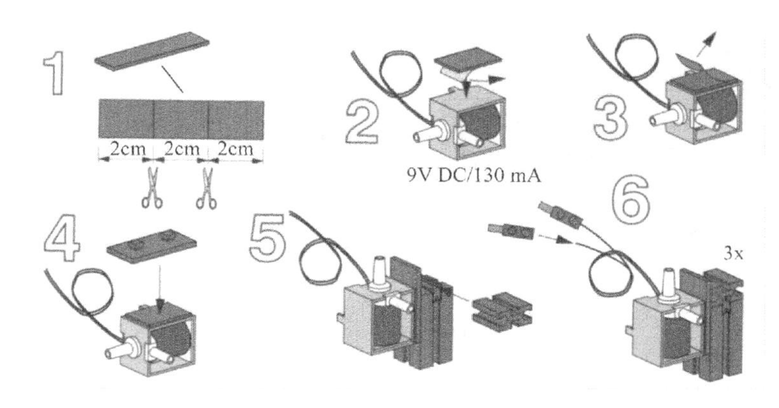

图 2-28　电磁阀的固定方式

慧鱼气缸有双向和单向两种，如图 2-29 和图 2-30 所示，前者通过压缩空气可以双向推动活塞，实现伸或缩的运动，后者只能从一个方向供气驱动，返回运动由

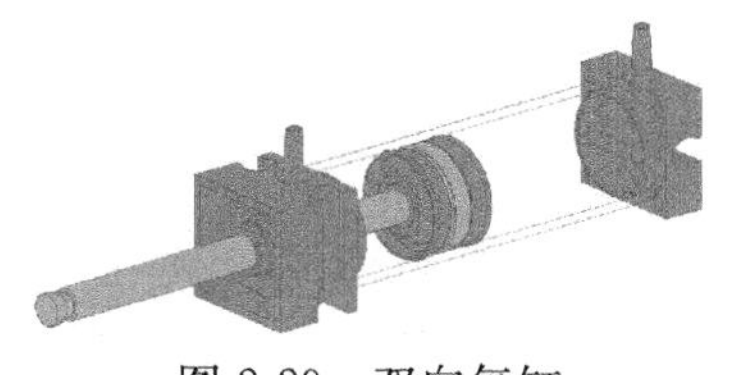

图 2-29　双向气缸

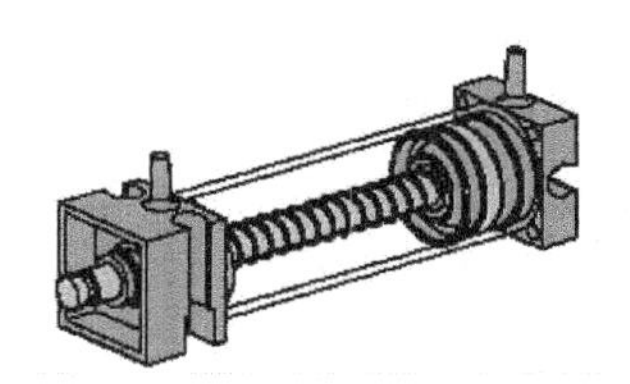

图 2-30　单向气缸

弹簧引起,通过控制电磁气阀的通断电,可以为气缸一端充放气,所以驱动1个双向气缸需要2个电磁气阀。

2.5 控制器

慧鱼机器人开发了三代控制器:即智能接口板、ROBO 接口板和 ROBO TX 控制器,下面分别作介绍。

2.5.1 智能接口板

智能接口板自带微处理器,通过串口与计算机相连,使电脑和机器人模型之间进行有效的通信。它可以传输来自软件的指令,如控制电机或者处理来自各种传感器的信号。

智能接口板的外形如图 2-31(a)所示。

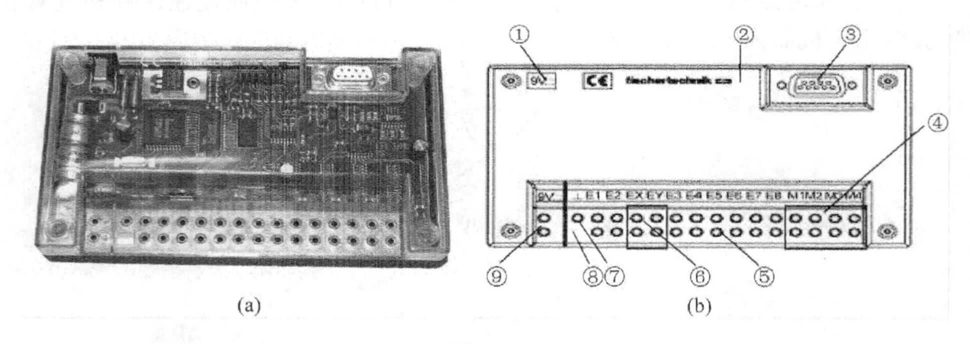

图 2-31
(a) 智能接口板实物图 (b) 智能接口板结构简图

在图 2-31(b)中:

(1) 直流 9V 稳压电源插座。智能接口板的电源既可以是直流 9V/1 000mA 稳压电源,也可以是电池组,即 6 节 5 号电池。当稳压电源(位置 1)被连接时,电池连接口(位置 9)的电回路就会被自动切断。

(2) 扩展板接口。智能接口板可扩展连接一块接口板,增加输入输出的端口。

(3) 串口插座。智能接口板采用 RS232 串口与电脑通讯,可通过串口线连接至电脑的 COM 端。

(4) 输出 M1~M4。可以连接 4 个双向直流电机、电磁铁或灯到四个数字输出口 M1~M4。连续电流:250mA;极限电流:1A,带短路保护。

(5) 数字量输入 E1~E8。用来连接数字量传感器(如开关,干簧管),电压范围 0～9V。

(6) 模拟量输入 EX,EY。可以连接电位器或温度、光电传感器。其输入端阻值范围 0～5kΩ,连接的电阻负载可转化成 0～1 024 间的整数值,扫描速率 20ms,精度±0.2%。

(7) 接地端(⊥)。

(8) 电源指示灯 LED。无论是连接位置 1 还是位置 9 处的电源,只要有电,作为电源指示,红色发光二极管都会点亮。

(9) 电池盒电源接口。

2.5.2　ROBO 接口板

智能接口板的升级产品,在计算机上编好的程序可以下载到微处理器上,脱离计算机独立地处理程序。ROBO 接口板比智能接口板在功能方面有了比较多的改进:

- 增加了两个 128K 的 Flash 存储区,RAM 区也增大为 128K,这样接口板可以同时储存三个程序。断电后程序不会立即丢失。
- 增加了一个 USB 1.1/2.0 接口,通信速率为 12MB/s。
- 增加了两类模拟量输入端口:2 路距离传感器输入,2 路电压传感器输入。
- 4 路输出端口实现八级调速,智能接口板无法调速。
- 可扩展无线射频通信模块,实现无线通信。
- 最多可扩展 3 块 ROBO I/O 扩展板,且扩展更方便。智能接口板只能连一块。
- 可实现远红外线控制。

ROBO 接口板的外形如图 2-32(a)所示:

在图 2-32(b)中:

(1) 电源接口。ROBO 接口板可以使用慧鱼 9V 电源适配器连到 DC 插座,或者用可充电电源连到+/－插座。当采用前一种方案时,连接充电电池的插座(位置 15)就自动断开。电源连通之后,电源指示 LED(位置 12)自动点亮而且两个绿色的 LED 交替闪烁,表明接口板可以正常工作。接口板的空载电流消耗为 50mA。

(2) USB 接口。接口板可通过 USB 接口和电脑相连接,每块接口板都配备了相应的连接电缆,兼容 USB1.1 和 2.0 的规范,其数据传输率为 12MB/s。

(3) 红外线(IR)输入。利用红外线接收二极管,手持式红外线发射装置上各个键可以用做数字式输入,可以用 ROBO Pro 软件来编程。

(4) 串口插座。接口板可通过串口与电脑通讯,其连接与智能接口板类似。

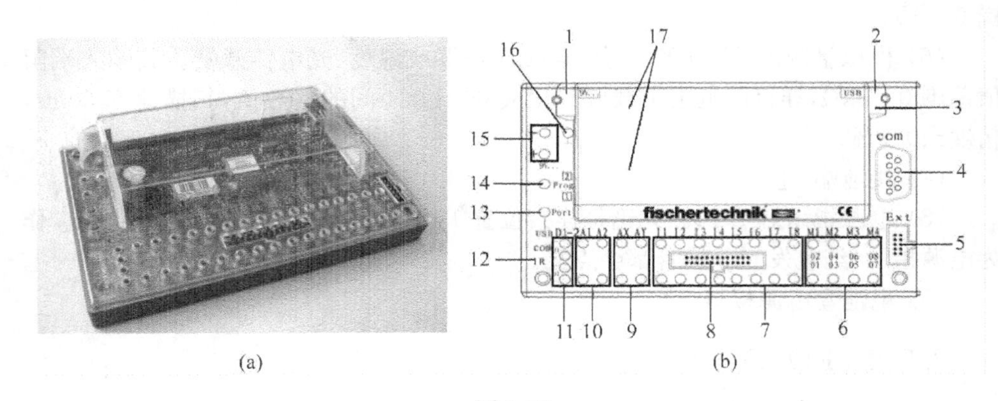

(a)　　　　　　　　　　　　　　　(b)

图 2-32

(a) ROBO 接口板实物图　(b) ROBO 接口板结构简图

(5) I/O 扩展板用插槽。使用 ROBO I/O 扩展板,输入和输出的数量都可以得到扩展。扩展板上可以有额外的四路带速度控制的马达输出,八路数字量输入和一个 0～5.5kΩ 的模拟阻抗输入,如图 2-33 所示。ROBO I/O 扩展板可以直接通过 USB 接口与电脑相连,并且可以作为一块独立的接口板运行,但是它只能运行在电脑的联机模式下。

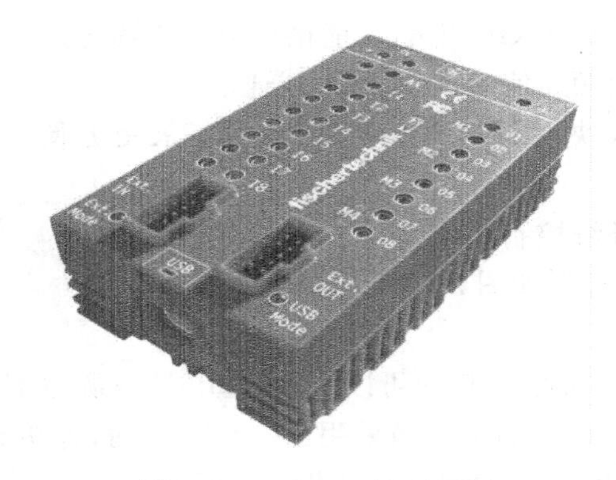

图 2-33　ROBO I/O 扩展板

(6) 输出 M1～M4 或者 O1～O8。可连接四个 9V 双向直流电机,八级调速,连续运行电流 250mA,带短路保护。此外也可以连接 8 个灯或者电磁线圈到单个的输出 O1～O8,此时元件的另一端连接到接地端(位置 16)。

(7) 数字量输入 I1～I8。可连接传感器,如开关、光电传感器和干簧管。电压 9V,ON/OFF 的切换电压值为 2.6V,输入阻抗为 10kΩ。

(8) 26 针插槽。这个插座提供了所有输入和输出的引脚,因此可以通过排线和1个26针插头来将机器人模型和接口板相连。

(9) 模拟阻抗输入AX和AY。可连接电位器、光电传感器和温度传感器，测量范围为0～5.5kΩ，分辨率为10位，返回值0～1024。

(10) 模拟电压输入A1和A2。可连接输出为0～10V电压的模拟传感器。

(11) 距离传感器输入D1和D2。专门用来连接慧鱼的两个距离传感器。

(12) LED指示灯，显示接口板的工作状态。USB和串口的LED交替闪烁为自动选择端口状态，IR LED点亮可以通过手持式红外线发射装置来控制接口板的输出，此时USB和串口会被关闭。

(13) 端口选择按钮。多次按动该按钮，可以切换接口板的连接方式：USB、串口或者红外线发射装置。

(14) 程序选择按钮。程序存储在FLASH区时，按住该按钮，按钮旁的绿色LED指明所选的程序(1或者2)，选择所需程序释放按钮，再按一下按钮，程序启动，LED闪动，再按一下按钮，程序停止，LED持续点亮。程序存储在RAM时，两个LED会同时点亮，按住按钮，直至按钮旁的两个绿色LED同时点亮，然后松开按钮，再按一下按钮，程序启动，两个LED都闪动。再按一下按钮，程序停止，两个LED持续点亮。

(15) 电池组或充电电池插座。

(16) 接地端(⊥)。

(17) 无线射频通信模块用插槽。无线射频通信模块是一个可选的无线接口模块，代替电脑和接口板之间的数据线。可以与电脑的USB端口通信，范围为0～10m。

2.5.3　ROBO TX控制器

使用ROBO TX控制器可以控制慧鱼9V，250mA的各类用电器，如直流电机、灯泡、电磁铁、电磁阀等，处理数字量9V、模拟量0～5kΩ或0～10V的各类传感器信息，如开关、干簧管、光电传感器、温度传感器、超声波距离传感器、颜色传感器、红外传感器、电位器、磁性译码器等。

主要功能如下：

• USB接口和无线蓝牙装置能够实现慧鱼模型与电脑之间便捷快速的通信。

• RAM存储区和FLASH存储区可以同时存储大量程序。

• 该控制器可以对所有慧鱼COMPUTING系列产品进行控制。

• 控制器可以与其他带有蓝牙装置的设备通信或最多与8个ROBO TX控制器通信。

• 控制器五面都有慧鱼专用的燕尾槽，小巧尺寸确保控制器与慧鱼模型实现任意拼接。

控制器结构如图 2-34 所示。

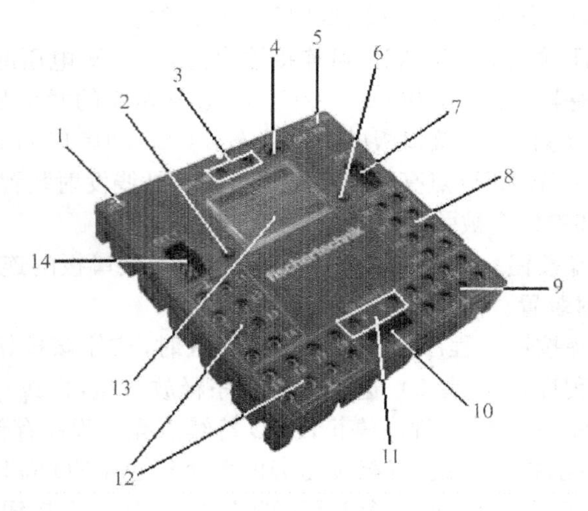

图 2-34 ROBO TX 控制器

在图 2-34 中各编号的功能:

(1) USB2.0 接口,与 1.1 兼容,使 ROBO TX 控制器和电脑建立连接。

(2) 左边选择按钮。操作液晶屏,菜单介绍详见附录 4。

(3) 9V-IN 电池接口。连接电池组或充电电池。

(4) 通/断开关。接通或者断开控制器的电源。

(5) 9V-IN 插座。直流电源连接口,使用直流 9V 的适配器为控制器供电。

(6) 右边选择按钮。操作液晶屏,菜单介绍详见附录 4。

(7) EXT2 扩展口(含 I^2C)。通过该接口可以扩展其他的 ROBO TX 控制器并由此增加输入口和输出口的数量。

(8) 输出 M1~M4 或 O1~O8。可以连接 4 个电机,也可以连接 8 个灯泡或者电磁铁,此时另一端接地。

(9) 输入 C1~C4,快速计数输入口。例如,开关就可以用作计数输入。可以接受最高 1kHz 的数字脉冲,即 1 000 脉冲/秒。

(10) 摄像头接口。连接摄像头模块,为摄像头预留的接口。

(11) 9V 输出。给某些传感器提供必需的 9V 工作电压,如颜色传感器、轨迹传感器、超声波传感器和磁性编码器。

(12) 通用输入口 I1~I8。信号输入的通用接口,包括原来的数字量和模拟量,在 ROBO Pro 软件中可以进行设定。可以连接数字传感器(开关、干簧管、光电传感器)、红外踪迹传感器、电阻值 0～5kΩ 的模拟量传感器(温度传感器、光电传感器)、电压值 0～10V 的模拟量传感器(颜色传感器)、超声波距离传感器等各类传感器。

(13) 液晶屏。显示控制器的工作状态、程序下载、菜单等信息,配合选择按钮实现内容的确认,程序运行时,各种数值也可以在液晶屏上显示。菜单详见附录 4。

(14) EXT1 扩展口。同 EXT2,连接更多的控制器来增加输入和输出接口数量。

2.6　遥控装置

慧鱼构件中,有专门的远红外遥控组件,可在 10m 的范围内控制 3 路马达输出,最多扩展为 6 路马达输出,下面对其结构做一简单的介绍。

2.6.1　基本结构和功能

红外遥控组件主要包括红外线发射器和接收器两部分。发射器的结构如图 2-35所示。

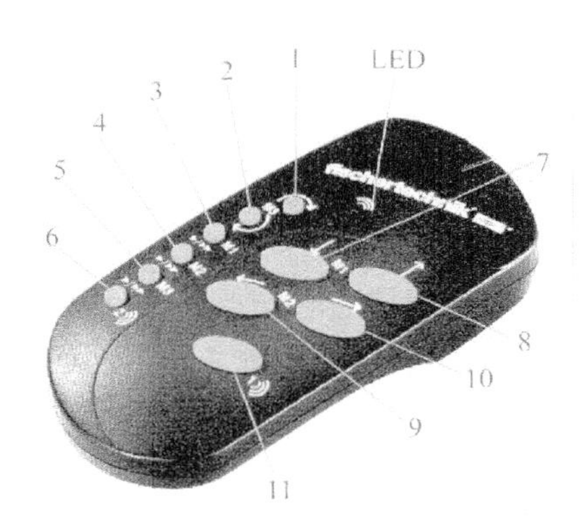

图 2-35　红外线发射器

图 2-35 中各按键的作用:

按键 1 和 2,按住不放,控制电机 3 顺时针或逆时针旋转,手松开,电机 3 停转。

按键 7 和 8,按下一次,控制电机 1 顺时针或逆时针旋转,再次按下,电机 1 停转。

按键 9 和 10,按住不放,控制电机 2 顺时针或逆时针旋转,手松开,电机 2 停转。

按键 3,4 和 5,分别控制电机 1,2 和 3 的转速,有慢速和快速两种状态。按一次,电机慢速旋转;再次按下,电机快速旋转。

按键 6,切换至接收器 2。

按键 11,切换回接收器 1。注意:接收器 2 是接收器的扩展,两者是不同型号的接收器,不是指 2 个接收器。

LED,工作指示灯,当按住按键的信号被发送时会点亮。

接收器 1 的外观如图 2-36 所示。

图 2-36　接收器 1

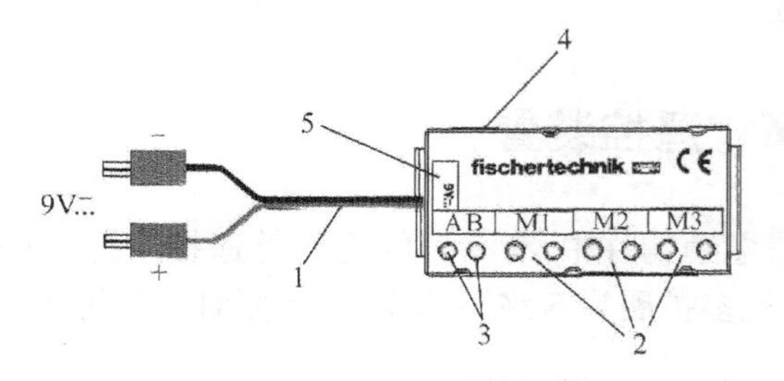

图 2-37　接收器 1 结构简图

其具体的结构可以分为 5 个区域,如图 2-37 所示。

(1) 电源线。连接直流 9V 电源,红色线接正极,黑色接负极,也可以直接与电池盒相连。

(2) 输出 M1～M3。可以同时控制 3 个电机,每个输出端额定电压 9V,电流 250mA。

(3) 输入 A-B。功能扩展接口。

(4) 接收二极管。接收来自发射器的信号。

(5) LED 工作指示灯。当电源接通时会点亮,当接收到信号时会闪烁。

使用该红外遥控装置,可以实现同时控制 2 个不同运转速度的电机、同时关闭所有输出量等基本功能。

2.6.2　扩展功能

除了常规模式,遥控器还有一些扩展应用,注意,使用以下特殊模式时,必须在接收器通电前连接 A,B 端口,如果要返回常规模式,也需要先断电,拆除连接 A,B 的导线后,再次通电。

1. 一键控制

对于有两个电机的机器人结构,如叉车、移动机器人等,可以用一个按键来同时控制两个电机。

按照如图 2-38 所示方法,将线连接后,可以通过按键 7,8,9,10 来直接控制小车前进、后退、左转、右转。

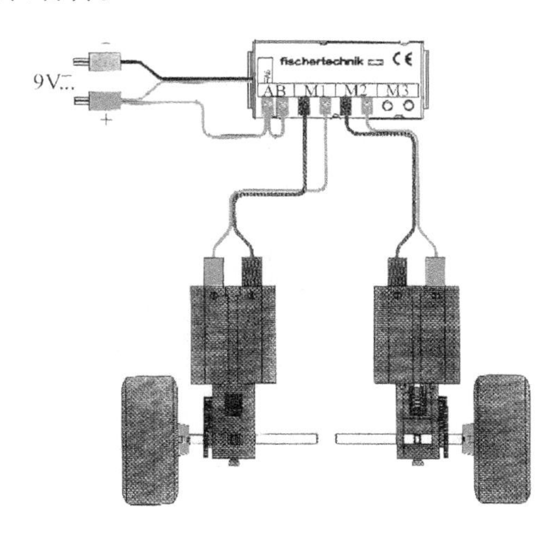

图 2-38　一键控制方式接线图

2. 自动复位

首先,按照图 2-39 所示的基本结构,利用慧鱼构件,制作一辆移动小车,如图 2-40所示,进行连线。

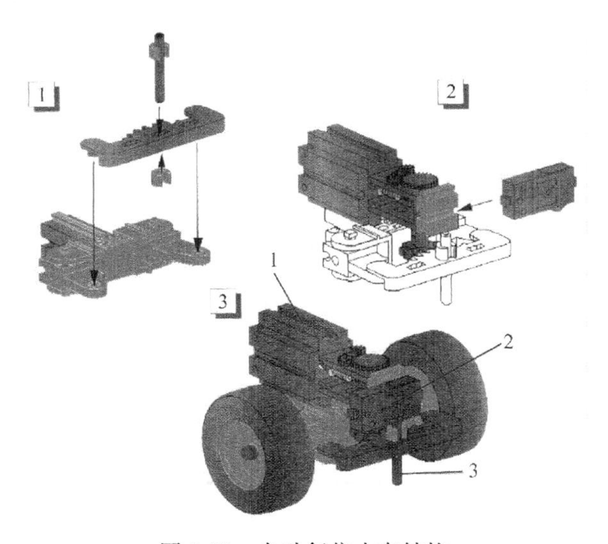

图 2-39　自动复位小车结构

该模型下,短棒最初位于中心位置,开关被按下,某一时刻,如果一直按住发射器上的按键 9 或 10,电机 M2 将按照遥控指令保持顺时针(或逆时针)方向转动,同时使得短棒偏离中心位置,开关的按键弹出;手松开后,电机会自动向相反方向旋

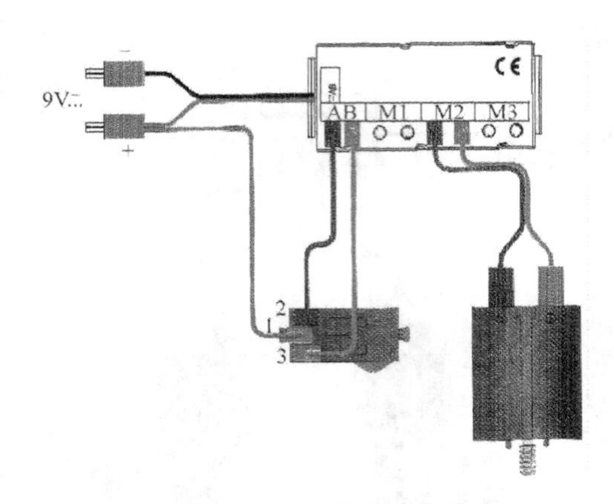

图 2-40　自动复位方式接线图

转直至带动短棒回到中心位置,开关的按键被按下,M2 停止转动,小车最终回到初始状态。

3. 增加输出

使用扩展接收器 2,可以将输出由 3 个扩展为 6 个,红外遥控器上的按键 6 和 11 能切换控制这两个接收器。通过接收器端 LED 指示灯的闪烁状态,可以分辨是哪一个接收器收到了发出的信号。

4. LED 状态指示

LED 的亮灭状态,可以直接指示出接收器的当前模式,如表 2-1 所示,是一些操作模式和 LED 状态的对应关系。

表 2-1　接收器当前模式与 LED 状态指示

操作模式	LED 状态
常规	快速闪烁
一键控制	长时间熄灭(1s)
自动复位	长时间熄灭(0.6s)
接收器 1	闪烁 1 次
接收器 2	闪烁 2 次

第3章　机构设计

本章介绍慧鱼机器人机构制作，包括常用装配和组合方法以及导线的制作步骤。安装中要注意如下事项：

（1）机械构件装配时要确保构件到位，不滑动。

（2）电子构件装配时要注意电子元件的正负极性，导线接线稳定可靠，没有松动。

（3）整个作品完成后还要考虑外形的美观，布线整齐规范。

3.1　零件的装配

装配主要分为两种：按照搭建手册装配和按照常用构件组合方法自由装配，因为搭建手册上给出的结构都已经系统地验证过，所以通过这种方式制作出来的机器人，具有统一化、标准化的特点，易于上手，不容易在结构上出现重大缺陷，不足之处在于缺乏个性化，样式比较单一。而当需要制作个性化的、特殊结构的机器人时，通常要采用后一种方法。有条件的读者可以通过慧鱼配套的搭建手册，迅速的搭建出机器人的机构。以搭建手册为出发点，边动手实践边学习其结构和原理，最终超越手册，制作出有创意的有特色的"个性化"机器人作品。

3.1.1　按照搭建手册装配

按照搭建手册进行装配，是慧鱼机器人制作最容易的一种方法，通常慧鱼的各种组合包会附带一本搭建手册，选择要制作的目标，按照如下的步骤进行：

（1）先选出第一步骤所要的构件，如图3-1所示，按照图示装配完成第一步。

（2）选出第二步骤所要的构件，此时已完成装配部分为黑白色，如图3-2所示，按照图示装配完成第二步。

（3）用同样的方法依次类推直到完成最后一步（见图3-3～图3-5）。

3.1.2　按照常用构件组合方法自由装配

根据不同的需要，进行自由组合装配，是很考验综合素质的制作方法，下面是部分常用的组合以及一些需要注意区别的零件（见图3-6～图3-8），如何将构件合理地装配在一起，需要在实践中不断地摸索，更多的慧鱼零件组合范例可以参考本书附录1。

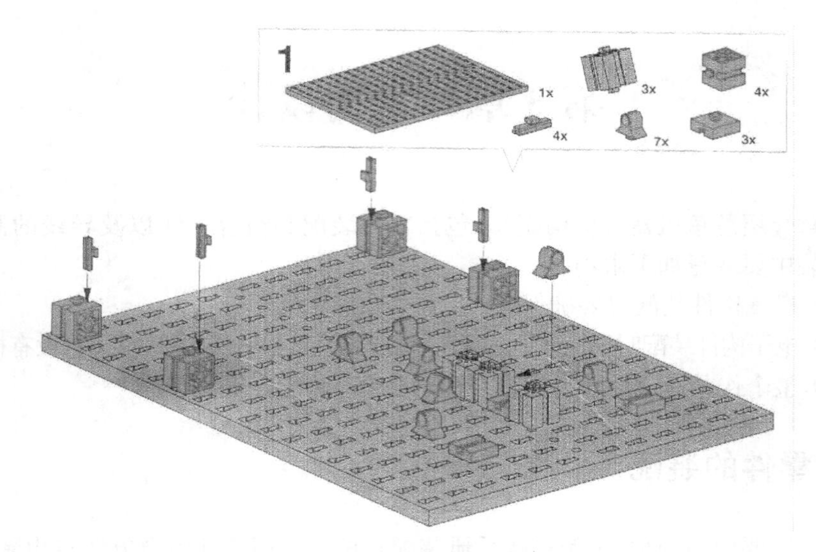

图 3-1 搭建第一步

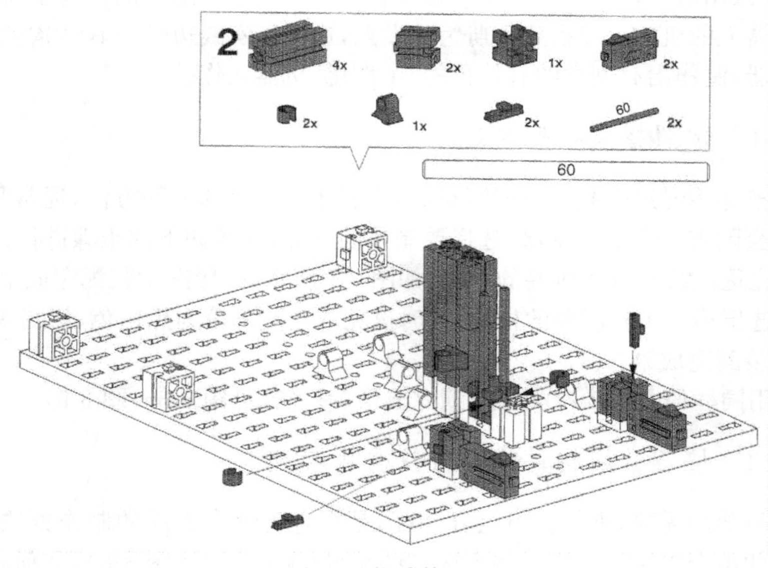

图 3-2 搭建第二步

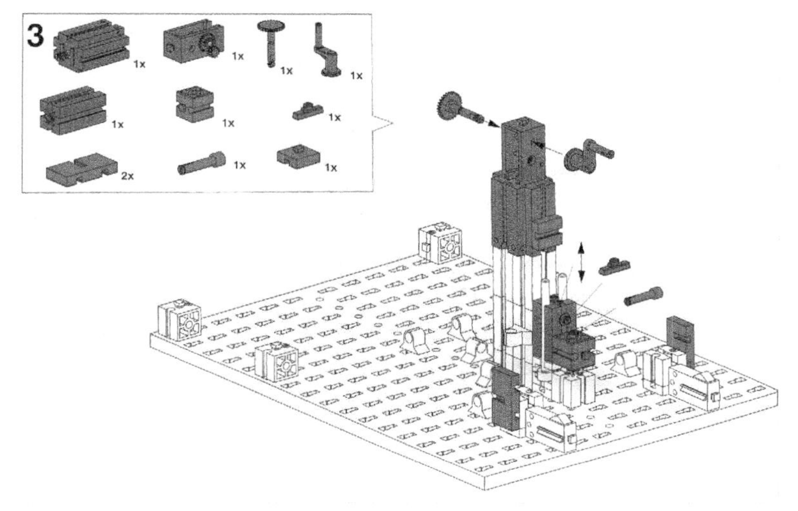

图 3-3　搭建第三步

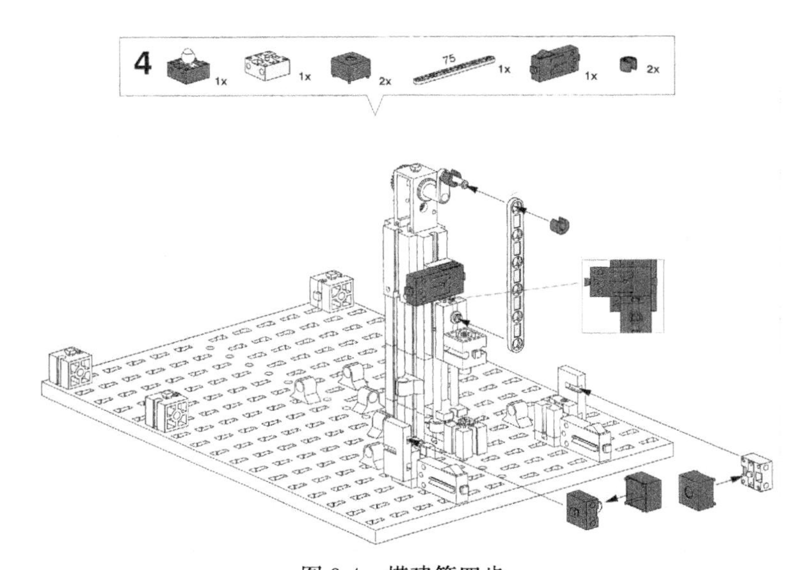

图 3-4　搭建第四步

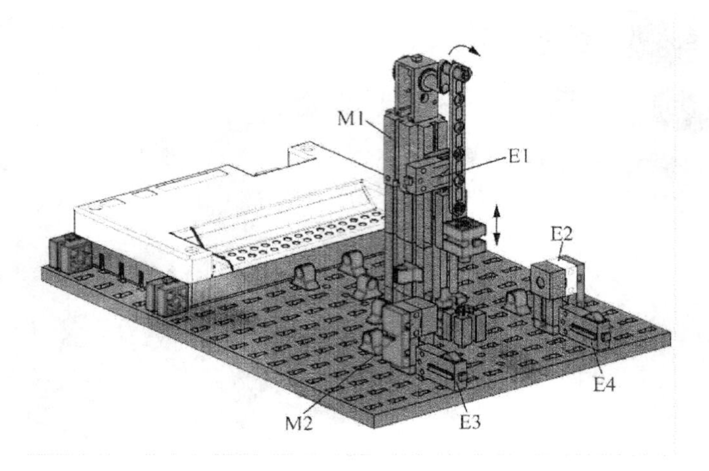

图 3-5 搭建完成

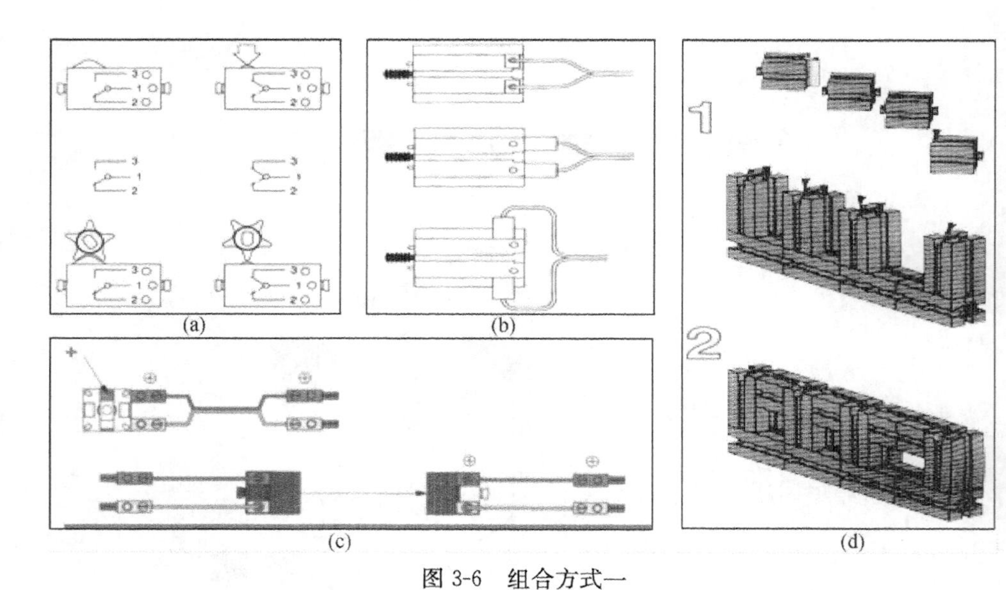

图 3-6 组合方式一

(a) 开关原理以及使用开关进行脉冲计数 (b) 电机接线

(c) 光电传感器的接线以及与发光管的组合方式 (d) 多种六面拼接体的组合和固定

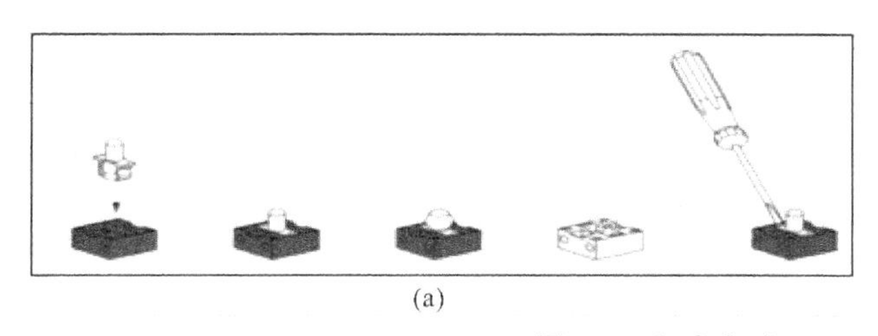

(a)

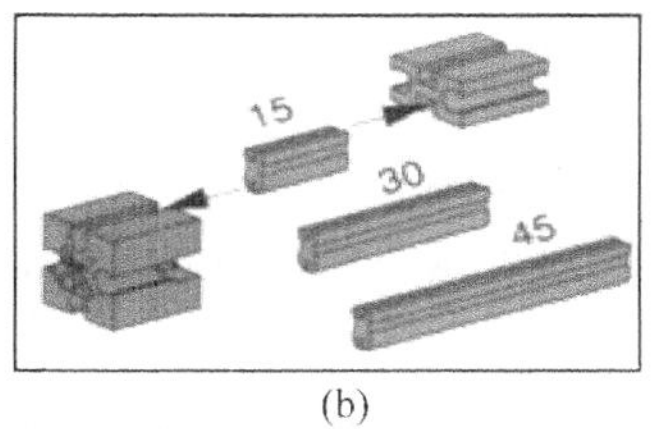

(b)

图 3-7　组合方式二

(a) 灯、发光管、光电传感器与底座的组装及拆卸　(b) 不同的凹槽形状与衔接位置

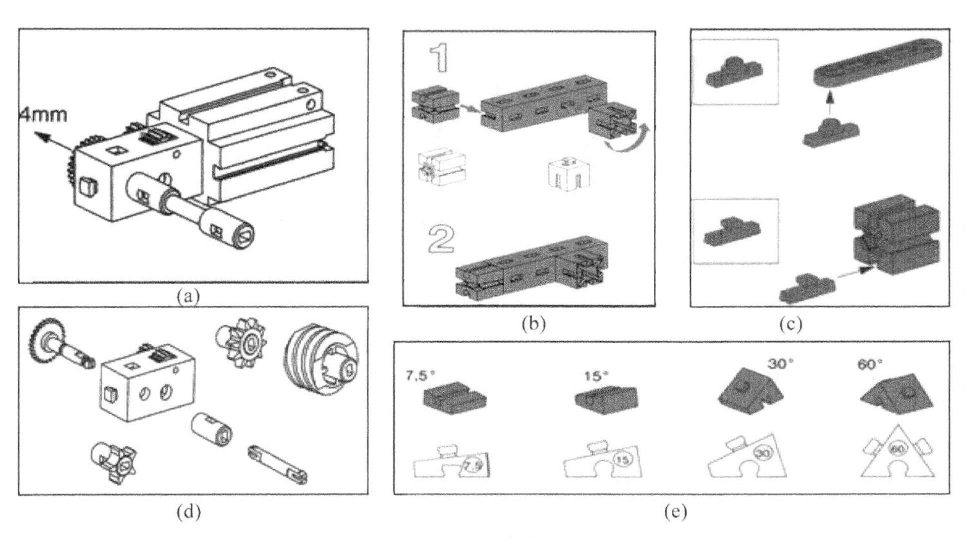

(a)　(b)　(c)　(d)　(e)

图 3-8　组合方式三

(a) 电机、小齿轮箱的常用组合　(b) 六面拼接体和它相似的块　(c) 容易混淆的 2 种连接件
(d) 可以与小齿轮箱进行组合的不同构件　(e) 角度不同的 4 种楔形块

学习了一些关于慧鱼构件和组装的基本知识，是不是跃跃欲试，想要开始动手制作机器人了呢？不过如果要脱离原有的搭建手册进行创意组合，可能还对于机构的设计有些疑惑，不知从何下手，下面将从基本功能出发，介绍一些常用的机构和设计。

3.2　传动机构

慧鱼常用机械构件包括连杆、链条、履带、齿轮(普通齿轮、锥齿轮、斜齿轮、内啮合齿轮、外啮合齿轮)、齿轴、齿条、蜗轮、蜗杆、凸轮、弹簧、曲轴、万向节、差速器、轮齿箱、铰链等。由这些机械构件进行组合和设计，可以得到各种典型的传动机构。

3.2.1 连杆机构

连杆机构由几个长度不等的杆组成,能灵活的转动,是一种可以将电机或齿轮箱输出的旋转运动转化为各种形式运动的机构。

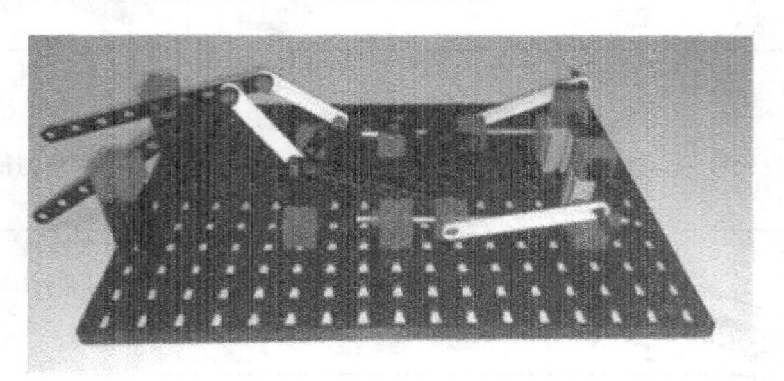

图 3-9 连杆机构

最基本的连杆机构由 4 个转动副组成,又可以细分为如下 3 种:

(1) 曲柄摆杆机构。如图 3-10(a)所示,将旋转运动变为摇摆运动或将摇摆运动变为旋转运动。

(2) 平行四连杆机构。如图 3-10(b)所示,两个连杆间可以保持相互平行地运动。

(3) 双曲柄机构。如图 3-10(c)所示,两个连杆均可以做旋转运动。

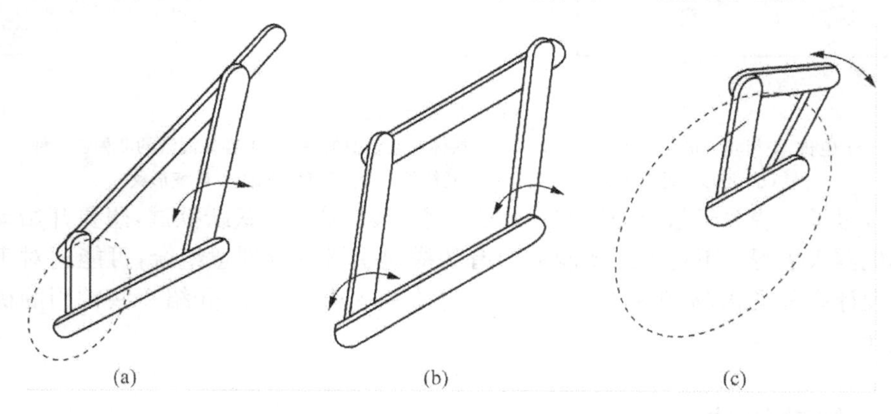

图 3-10

(a) 曲柄摆杆机构 (b) 平行四连杆机构 (c) 双曲柄机构

四杆机构中通常也可以包含一个或两个移动副,其典型代表如曲柄滑块机构,在慧鱼机器人的实际设计中,同一机构可根据不同构件的特点灵活变通,如图 3-11 和图 3-12 所示的运动,使用的都是曲柄滑块的原理。

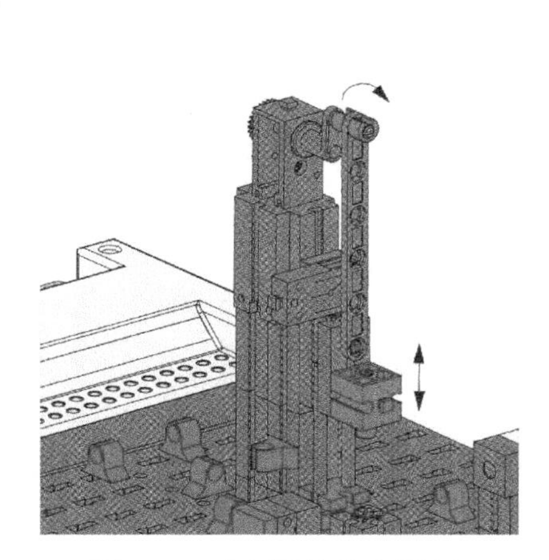

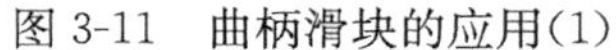

图 3-11　曲柄滑块的应用(1)

图 3-12　曲柄滑块的应用(2)

制作时须注意，连杆机构中杆件太多，运动链太长会导致连杆机构传动效率的降低。因此连杆机构设计时尽量减少杆数，最多不要超过 8 杆。

3.2.2　齿轮机构

在机器人结构中，齿轮机构以其传动准确可靠、传递动力大、传动范围广等特点而被广泛使用。根据传动方式的不同，齿轮机构又可以分为如下几种：

(1) 齿轮齿条传动机构。齿轮、齿条机构可以将旋转运动变为直线运动或将直线运动变为旋转运动。

慧鱼模型经典的使用方法是齿轮做旋转运动，带动齿条作直线运动，有时为了增加运动长度，齿条可以拼接延长，如图 3-13 所示。

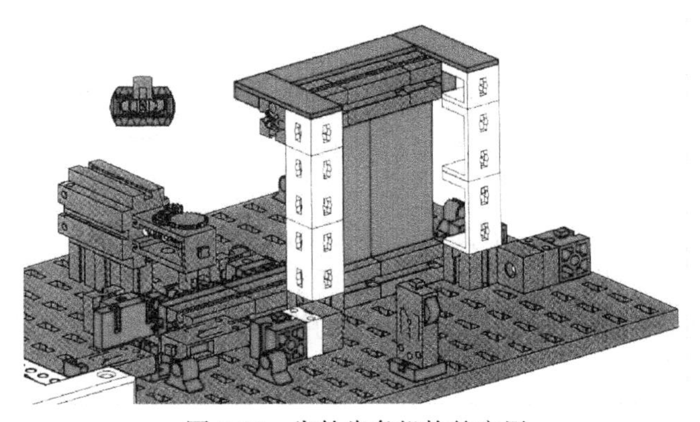

图 3-13　齿轮齿条机构的应用

(2) 直齿轮传动。直齿轮传动,即直齿轮之间的啮合传动,不同的齿轮组合传动比不同,如图3-14所示。

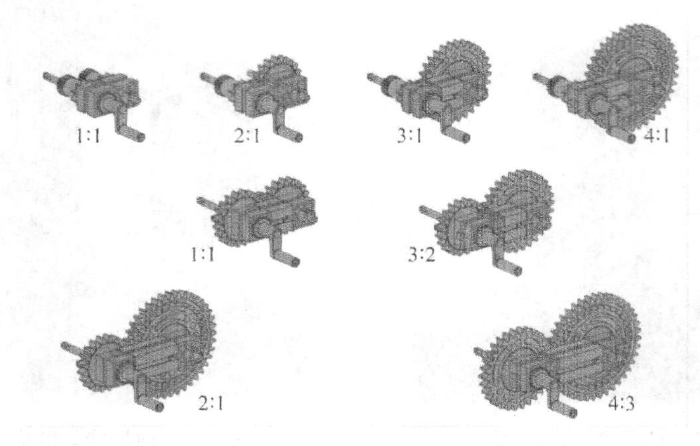

图 3-14 不同齿轮组合的传动比

齿轮传动主要用于两轴之间转动速度的传递和变换,如图 3-15 所示,有时为了得到较大的传动比,也可以使用多个齿轮进行连接,进行多级变速。

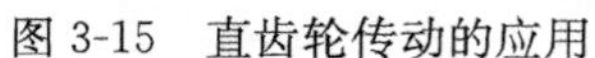
图 3-15 直齿轮传动的应用

图 3-16 锥齿轮传动

(3) 锥齿轮传动。主要用于垂直相交的两轴之间的动力传递,一般成对使用。如图 3-16 和图3-17所示。

锥齿轮只能进行 90°运动方向的转换,不提供变速传动。

(4) 蜗杆传动。蜗杆传动实现在交错垂直的两轴之间传递动力,而且可以得到较大的传动比。慧鱼构件中经常使用到的蜗杆如图 3-18 和图 3-19 所示。

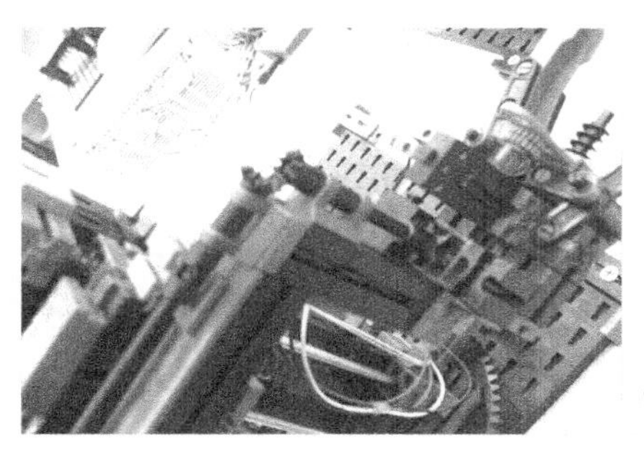

图 3-17　锥齿轮传动的应用

图 3-18　长蜗杆

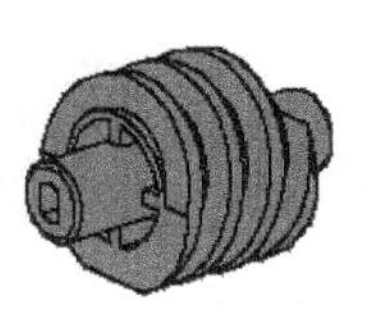

图 3-19　短蜗杆

在慧鱼构件中,与蜗杆啮合不需要专用的蜗轮构件,只要模数相同,蜗杆可以直接与直齿轮配套使用,其典型组合如图 3-20 和图 3-21 所示。

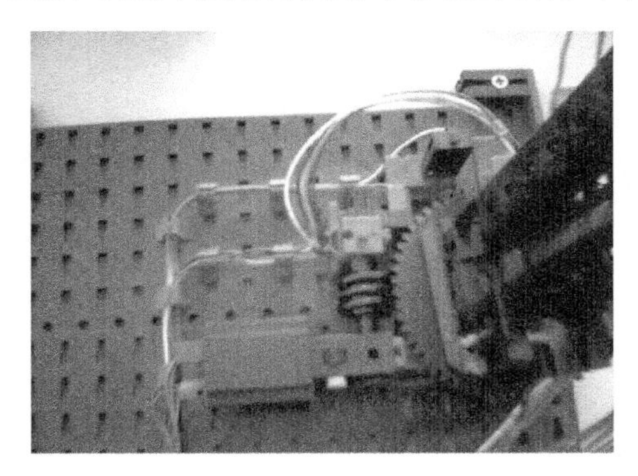

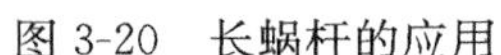

图 3-20　长蜗杆的应用

图 3-21　短蜗杆的应用

3.2.3　链传动

链传动可以将齿轮箱的旋转运动准确地传递给其他机构。链传动通常运用于远距离两轴间的运动和动力传递,可以传递大转矩,运动速度一般比较低,其典型组合如图 3-22 和图 3-23 所示。

慧鱼构件中的链条既可以单独使用,也可以和履带片组合成传送带。履带以及链轮的组合方法如图 3-24 和图 3-25 所示。不同的链轮组合后,可以得到不同的例如图 3-26 中的示例,传动比。

图 3-27 展示的是链传动机构在慧鱼机器人作品中的应用。

图 3-22 链传动

图 3-23 链传动的主要零件

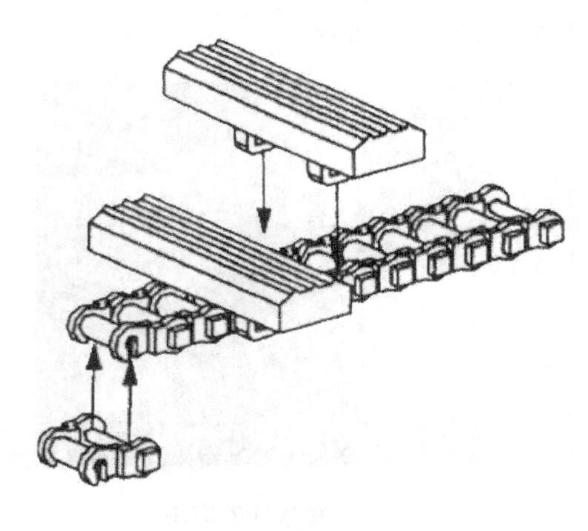

图 3-24 履带组合方法

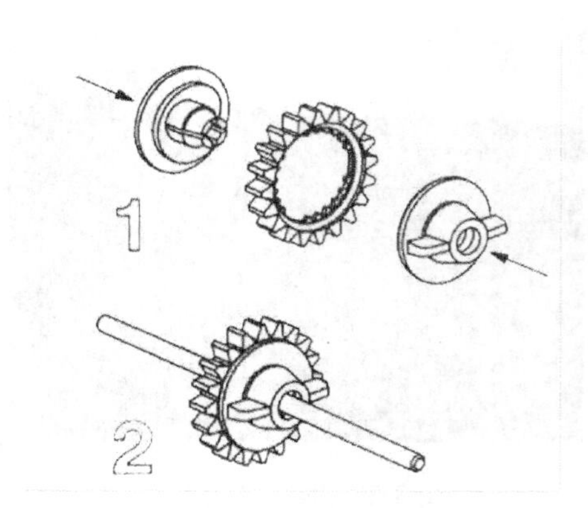

图 3-25 链轮组合方法

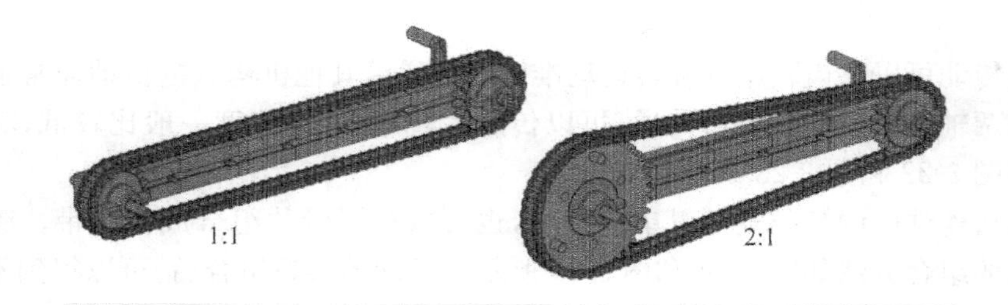

图 3-26 不同链轮组合的传动比

安装时注意保持链条合适的长度,太长转动时易滑脱,太短容易卡死,使用中要根据实际情况增减链条或调节两轴之间的中心距离。

图 3-27　链传动在慧鱼机器人作品中的应用

3.2.4　螺旋传动

螺旋传动主要用于将旋转运动转换成直线运动，将转矩转换成推力。带有外螺纹和内螺纹的慧鱼构件可以相互配合，类似螺杆和螺母，通过螺旋杆的旋转，驱动方块作轴方向上的直线移动，如图 3-28 所示。

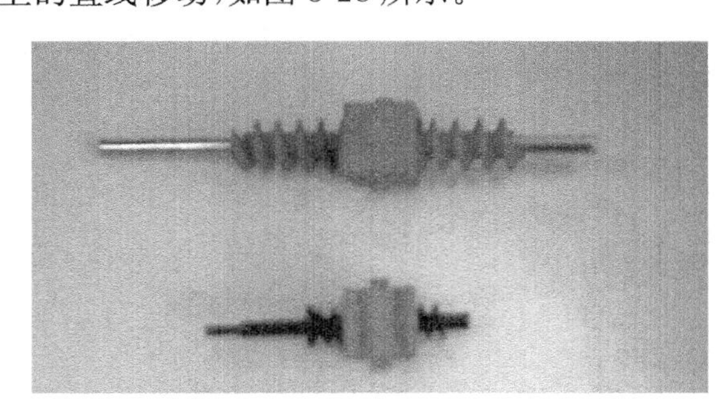

图 3-28　螺旋传动

有些螺旋杆可通过拼接延长来增大运动距离，注意中间连接部分应紧密结合，否则在转动过程中很可能会松脱或卡死。正确的拼接方法如图 3-29 和图 3-30 所示。

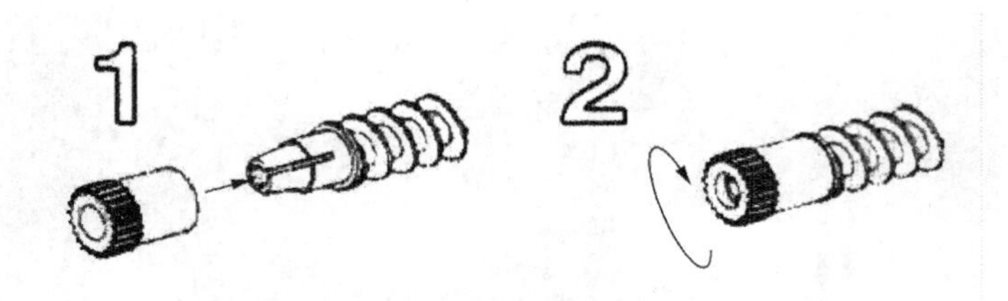

图 3-29　螺旋杆端部的固定方法

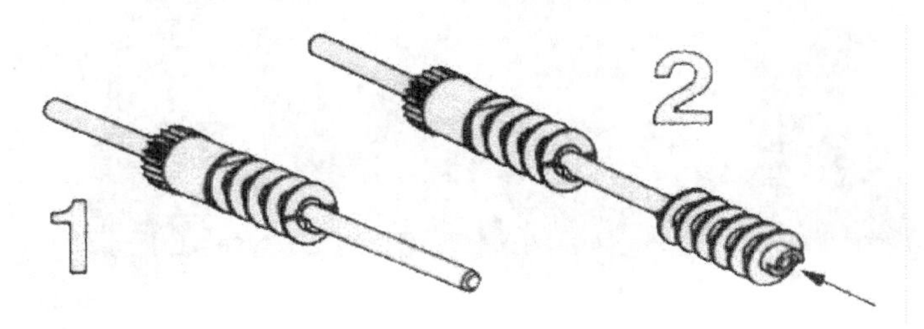

图 3-30　螺旋杆的延长拼装方法

图 3-31　凸轮机构

3.2.5　凸轮机构

如图 3-31 所示,凸轮机构是一种由凸轮、推杆和机架组成的三杆机构,它可以将旋转运动转化为上下运动,在该机构中,使用凸轮构件,将其固定在旋转轴上,在凸轮的上部安装一个可移动的推杆,随着轴的转动,推杆可以做上下往复运动。

注意:凸轮与推杆之间为点接触,因此不能用于载荷较大的地方。

3.2.6　皮带与皮带轮

皮带与皮带轮可以在两个相距较远的轴之间传递动力,由于是靠摩擦力来传递,因此在使用的过程中可能出现打滑的现象。这一特性,也使得在阻力过大时可以由于打滑空转而起到自动保护作用,降低零件变形损坏的几率。因此有的设计要避免打滑,而有的设计中则要利用这一特性。

慧鱼构件皮带轮典型组合方法如图 3-32 所示。

在两轴所处的轴线平行时,根据两轴的旋转方向相同或者相反,皮带可以有两

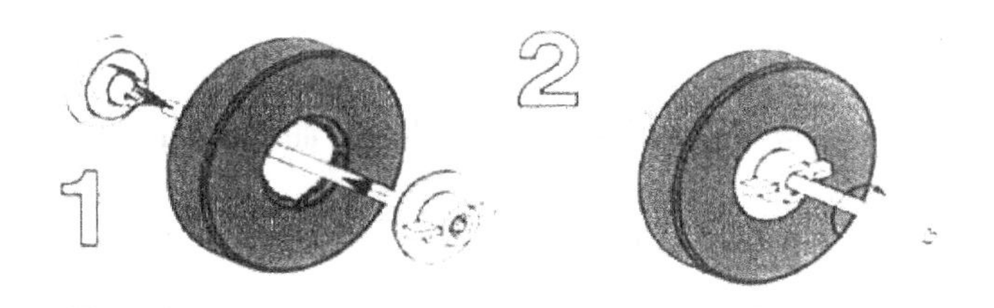

图 3-32 皮带轮组合方法

种安装形式：

(1) 开口式带传动，如图 3-33 所示，两轴的旋转方向相同。

(2) 交叉式带传动，如图 3-34 所示，两轴的旋转方向相反。

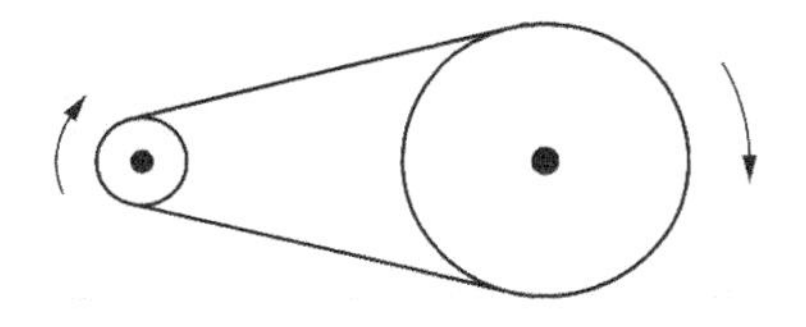

图 3-33 开口式带传动

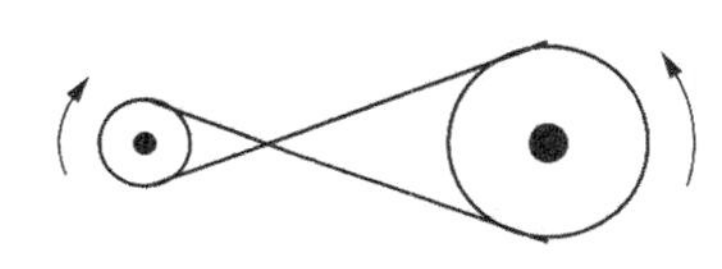

图 3-34 交叉式带传动

注意：当两轴所处的轴线异面交叉或夹角较小时，可以直接使用皮带轮传递动力，如图 3-35 和图 3-36 所示。

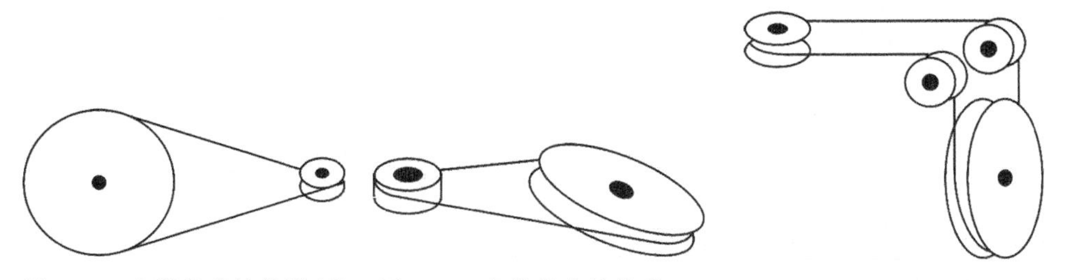

图 3-35 皮带轮直接传递(1) 图 3-36 皮带轮直接传递(2) 图 3-37 过轮实现传递

当夹角过大时，则需要在中间增加过轮，才能实现传递，如图 3-37 所示。

上述带传动的转速比均为主从两个皮带轮的半径之比，特殊情况下，为了得到大的转速比，也可以使用多级皮带轮来进行动力传递。

3.3 机构与动作

将基本的传动机构进行巧妙的设计，可以实现许多特定的动作目的，这里介绍几种基本的动作及其相关的机构设计方案，掌握这些常用的设计，在机器人的制作时将很有帮助。

3.3.1 提升动作——从旋转到升降

方案一:连杆机构,电机带动曲柄做旋转运动,曲柄通过连杆带动端部的物块升降,如图 3-38(a)所示。

方案二:齿轮齿条传动,转盘带动齿轮做旋转运动,齿轮带动齿条升降,如图 3-38(b)所示。

方案三:螺旋杆机构,转盘带动螺旋杆做旋转运动,通过固定的方块使螺旋杆升降,如图 3-38(c)所示。

方案四:滑轮绳索,卷轴旋转缠绕绳索,绳索通过定滑轮将钩子升起,卷轴反转,钩子在自身重力的作用下,下降并拉紧绳子。如图 3-38(d)所示。

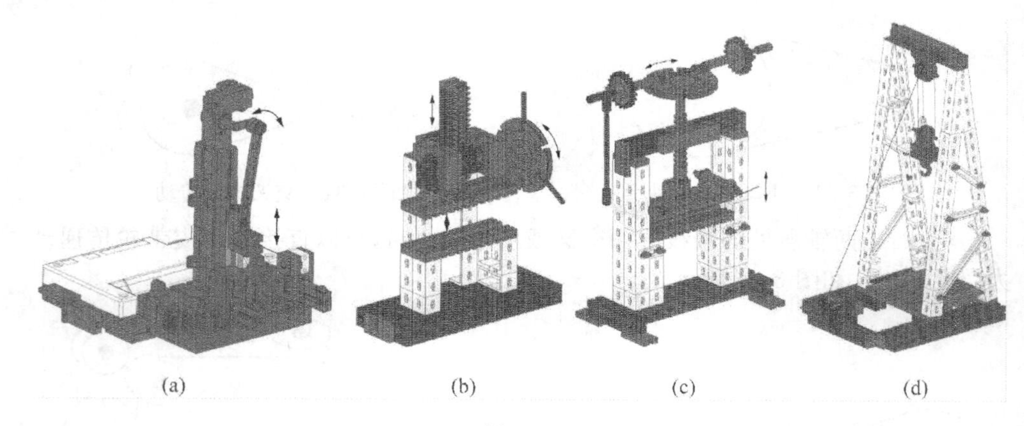

图 3-38

(a) 冲压机 (b) 齿条齿轮冲压机 (c) 螺旋冲压机 (d) 滑轮和滑车起重机

使用基本的机构实现举升的动作,有很多种方法,如果对提升的稳定性和效率要求不是很高,也可以使用链传动或传送带,将电机的旋转运动变换为直线运动。

3.3.2 抓取动作——从旋转到开合

方案一:螺旋扳手,螺旋杆做旋转运动,固定的方块使螺旋杆在轴线方向上移动,实现夹紧或者放松的功能,如图 3-39(a)所示。

方案二:机械夹手,电机带动螺旋杆旋转,使螺旋杆上的方块移动,方块利用连杆将根部固定的手爪撑开或者收紧,如图 3-39(b)所示。

螺旋杆机构在实现抓取动作方面的应用比较多,上述两个方案中都有涉及。

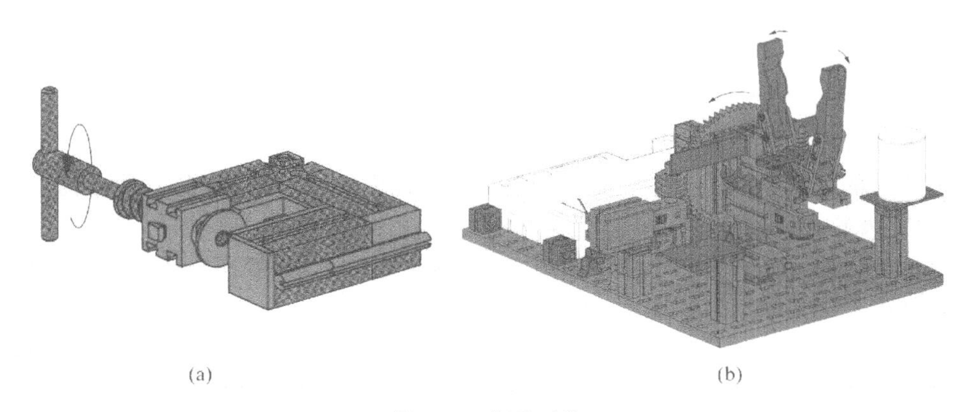

图 3-39 抓取动作
(a) 钳子 (b) 翻转机械手

3.3.3 分类存取动作

该动作主要包括分选和按类取出 2 种：

方案一：分类，如图 3-40(a)所示。传送带输送，通过切换电机的转向控制传送带的走向，将两类物品分开。可使用一个电机实现两种物品的分类。该方案常通过物品的不同属性进行分拣，如颜色和长度；也可用于检验环节，区分合格品和次品，如是否贴好磁性标签等。

方案二：按类取出，如图 3-40(b)所示。物品已分类放置于指定区域，通过螺旋传动机构令推送装置左右移动，可根据需要选取一件或者数件不同区域内的物品，

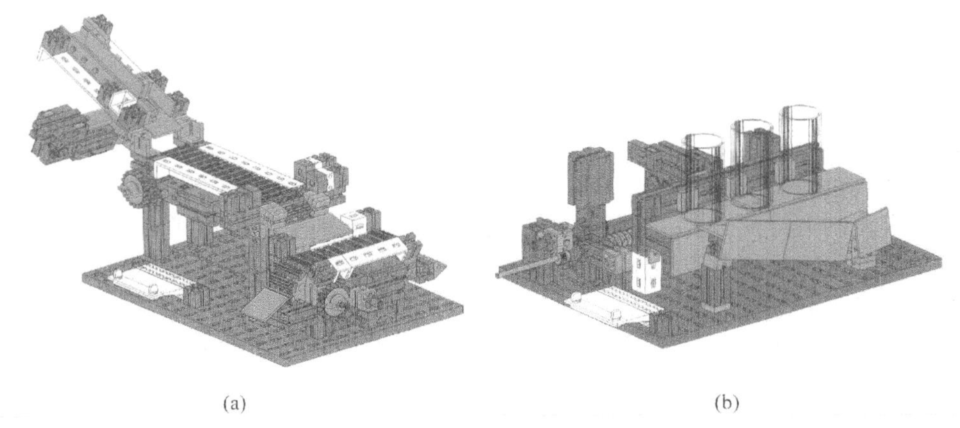

图 3-40 分类存取
(a) 分选机 (b) 自动找零机

并推送至同一出口,该方案典型的应用如配货和自动售货机等。

3.3.4 轮式行走

轮式行走是机器人最简单的行走方式,如图 3-41 所示。采用这种方式容易实现机器人的移动,重心稳定,结构简单,但是对地面的要求比较苛刻,通常需要平坦、没有障碍物的场地。

轮子的数量一般为三个或者四个,其中驱动轮两个,安装在车体的左右两侧,可通过控制电机的转向和速度,实现前进、后退和左转、右转等动作。通常三轮由两个驱动和一个万向轮组成,在转向时比较灵活,四轮由两个驱动和两个从动轮组成,在直线前进和后退时更有优势。简易小车设计中也有两轮的方案,但实际上是需要车身着地实现第三点的支撑,否则小车重心容易偏移,不稳定,很难控制。

图 3-41 采用轮式行走的 4 轮小车

3.3.5 腿式行走

腿式行走使得机器人更加具有人的特征,但是这种行走也相应增加了在机构设计和控制上的工作量。采用这种行走方式对地面的平整度要求通常不高,有些甚至可以做跨越障碍的动作;缺点是支撑腿的设计难度大,行进时不稳定,尤其双足行走时重心不易控制。

腿式行走的足数与机构的复杂度和稳定性密切相关,通常采用 4 足或 6 足、轴对称的机器人结构,少于 4 足,机器人的稳定性大大下降,多于 8 足,机构将过于复杂。如图 3-42 所示为 6 足机器人。

腿式行走时步态规划很重要,无论采用何种方式,避免机器人的重心产生较大的波动,是在进行机器人控制时最根本的要求。

图 3-42　采用腿式行走的 6 足机器人

3.4　导线的制作

在机器人身上，导线就是其神经，连接各类电气元件与控制器，起着连通电路、传递信息的重要作用，为了保证机器人能够正常运行，质量可靠的导线是必不可少的。慧鱼机器人可按照如下步骤制作导线：

(1) 确定导线的长度和数量。请参考每个组合包中的操作手册推荐的导线长度，也可以根据自己模型的实际位置选择恰当的长度。

(2) 导线两头分叉 3cm 左右。

(3) 两头分别剥去塑料护套，露出约 4mm 左右的铜线，把铜线向后弯折，插入

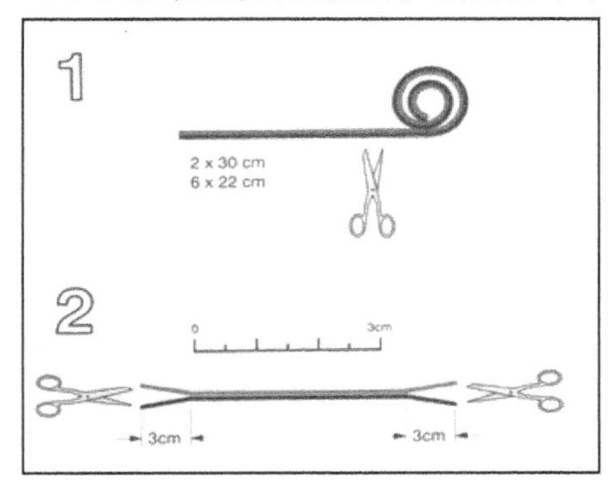

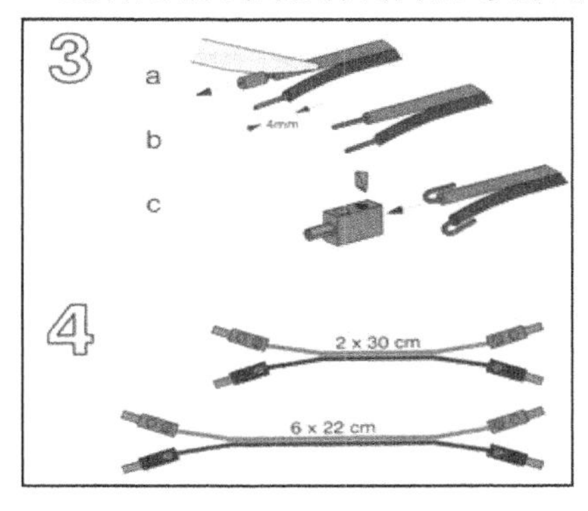

图 3-43　导线制作步骤

线头旋紧螺丝。

(4) 重复以上步骤,完成接线,如图 3-43 所示。

3.5　基本走线方法

为了保证机器人外表的整洁美观,更重要的是防止散乱的导线阻碍机器人的正常运动,通常对线的布局有所要求。几种常用的走线方法如图 3-44 所示。

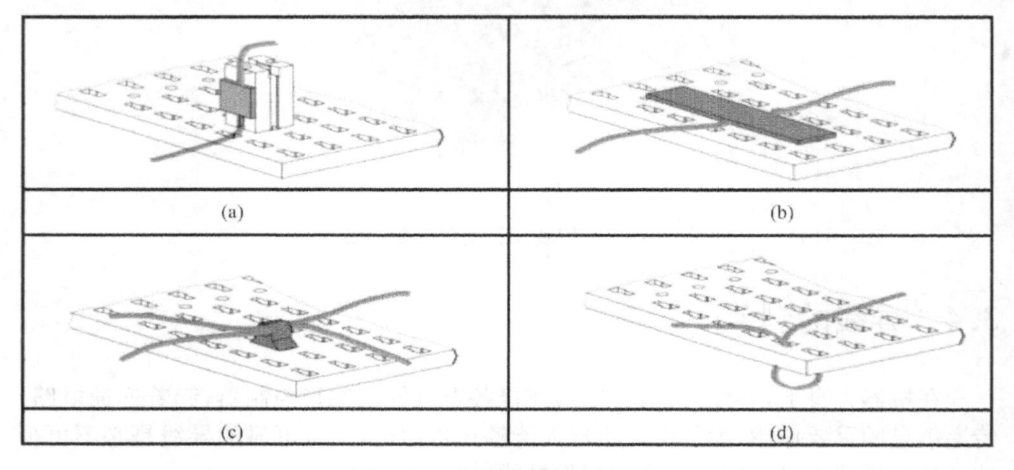

图 3-44　常用整理连线的方法

(a) 导线沿着构件的凹槽走　(b) 导线在搭建基板上走　(c) 导线穿过线卡　(d) 导线在搭建基板下穿过

如果只是想要制作一个能活动的机器人躯体,掌握以上知识已经可以实现,但是,如果想要制作的机器人具有智慧,能够根据外界的情况,做出一些自适应的动作,则还需要对其大脑——控制器进行一些培训才行。而培训的工具就是慧鱼机器人的配套软件 ROBO Pro,有兴趣的读者,跟随着本书一起学习下一章。

第4章　ROBO Pro

可以使用编程软件 ROBO Pro 来控制装配了慧鱼控制器的机器人。它的优点是内部自带若干能实现简单功能的基本模块,编程时,若要实现某一基本功能只要直接调用而不需要书写代码,比较方便。程序采用流程图的表现形式,理解起来更为直观。本章主要介绍软件的安装过程和常用的菜单命令。

4.1　ROBO Pro 的安装

4.1.1　安装条件

安装 ROBO Pro 的系统要求:

(1) 奔腾处理器 600MHz 以上,32M RAM 和 20M 硬盘。

(2) 分辨率 1 024×768 以上的显示器。

(3) 微软操作系统 2000,XP 或者 Vista 等。

(4) 一个空闲的 USB 接口或一个空闲的 RS232 接口(COM1-COM4),用来连接控制器。

4.1.2　安装步骤

将 ROBO Pro 安装光盘插入光驱,安装程序自动启动。

(1) 在安装程序的第一个欢迎窗口中,按一下"Next"按钮。

(2) 第二个窗口是重要提示,包括重要的程序安装和程序本身更新提示。按"Next"按钮。

(3) 第三个窗口是许可协议,显示 ROBO Pro 的许可契约。必须按"YES"接受协议并按"Next"进入下一个窗口。

(4) 下一个窗口是用户的详细资料,请输入名字等信息。

(5) 下一个窗口是安装类型,可以在快速安装和自定义安装中选择。在自定义安装中,可以选择单个组件来安装。如果是在旧版本的 ROBO Pro 基础上安装新版本的 ROBO Pro,而且已经修改了旧版本的范例程序,可以选择不安装范例程序。否则,已经修改过的旧版本范例程序会在没有提示的情况下被自动覆盖。如果选择自定义安装并按"Next",会出现一个新的选择组件窗口。

(6) 在下一个窗口,选择安装 ROBO Pro 的目标文件夹或者目录。默认路径是 C:\Program Files\ROBO Pro。当然,可以选择其他的路径。

(7) 最后一个窗口,按下"Finish"按钮,安装完成。安装结束,程序会提示安装成功。如果安装有问题,会有错误信息出现,帮助解决安装问题。

4.2 安装 USB 驱动程序

如果连接的是智能接口板,就不需要这个步骤了,因为智能接口板只能连接到串口。ROBO 接口板也可以连接到串口 COM1-COM4,旧版本的 Windows,如 Windows 95 和 Windows NT4.0 都不支持 USB 端口。在这种情况下,ROBO 接口板只能通过串口连接。不需要安装 USB 驱动程序。如果 ROBO 接口板连接到 USB 端口,或者使用 ROBO TX 控制器,则需要执行这个步骤。

USB 驱动程序需要有系统管理员的权限才可以安装。以 ROBO 接口板为例,在 Windows 2000 和 Windows XP 平台上安装驱动程序的步骤如下:

(1) 先用一根 USB 连接线连好控制器和计算机,接上电源。系统会自动发现新硬件,并出现如下窗口,由于操作系统和控制器类型不同,出现的窗口有可能与图 4-1 所示的略有不同。

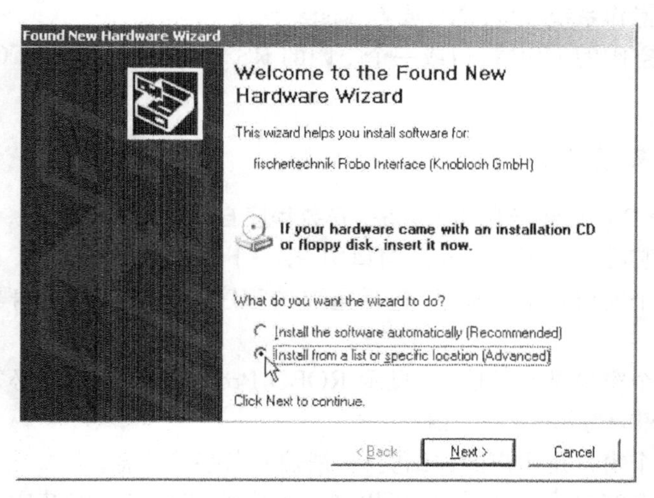

图 4-1 发现新硬件

选择"Install from a list or specific location",再按"Next"。

(2) 在下一个窗口,选择"Include this location in the search"选项。单击"Browse",选择 ROBO Pro 安装目录(通常是 C:\Program Files\ROBO Pro\)下的

USB Driver Install 子目录，如图 4-2 所示。

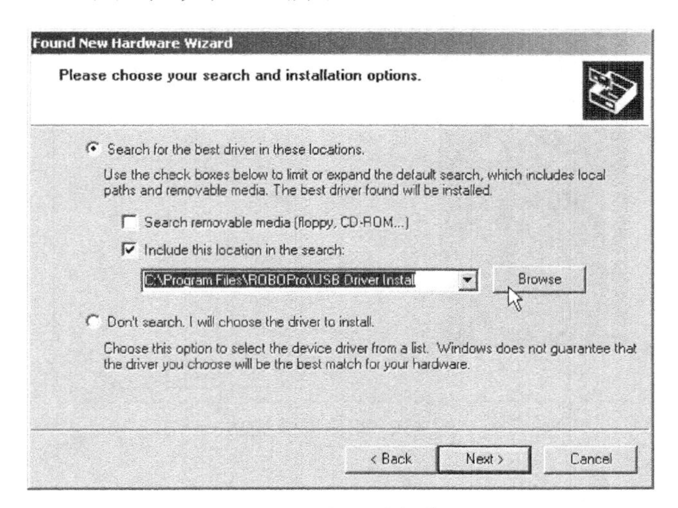

图 4-2 选择驱动的位置

(3) 在 Windows XP 平台上，在按“Next”后，可能会看到如图 4-3 所示的信息。

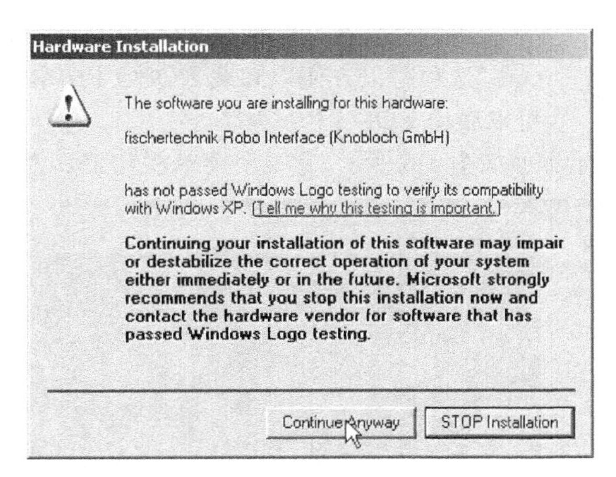

图 4-3 警告信息

(4) 需要安装这个驱动程序，请按“Continue Anyway”。最后会出现如图 4-4 所示的信息：

单击 Finish，USB 的驱动程序安装完成。

图 4-4 驱动安装成功

4.3 常用菜单命令

图 4-5 开始菜单选项

点击“开始”→“程序”或者“所有程序”→“ROBO Pro”。在开始菜单中，可以找到如图 4-5 所示的几个选项：

“Help”选项可以打开 ROBO Pro 的帮助文件，“Uninstall”选项可以方便地卸载 ROBO Pro 软件。“ROBO Pro”可以启动 ROBO Pro 程序。

ROBO Pro 初始界面如图 4-6 所示，有一个菜单栏和工具栏，左面的窗口里还

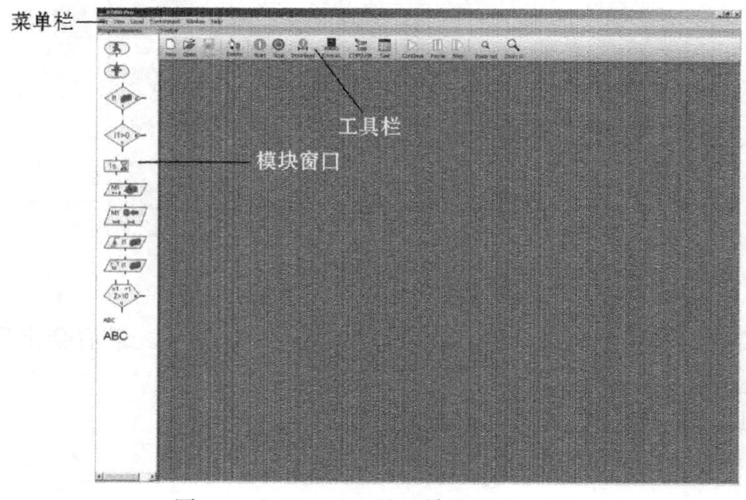

图 4-6 ROBO Pro 的初始界面(level1)

有各种不同的编程模块。如果在左边出现了两个层叠的窗口，那么 ROBO Pro 没有设定在“第一级”。打开“Level”菜单选中“Level 1：Beginners”。将出现图 4-6 中的模块窗口。

4.3.1 菜单

图 4-6 中未打开任何程序文件，菜单只提供最基础的操作，打开或者新建控制程序后菜单栏将新增 Edit，Draw，Bluetooth 三个栏目，位置如下图，同时各个栏目下的命令更为丰富，本节将介绍此界面下的菜单栏。

File Edit Draw View Level Environment Bluetooth Window Help

(1) File 是一些关于文件的操作，如新建、打开、关闭、保存、另存为、打印、退出等命令可以在该菜单条目下找到。此外可以设置用户程序库保存的路径、导入和导出 *.csv 文件。

(2) Edit 是程序编辑时的操作，包括撤销、重复、剪切、复制、粘贴、删除、新建子程序、复制子程序、删除子程序、替换子程序等命令。

(3) Draw 是绘图时的操作。

(4) View 菜单下只有一个命令，选中时，工具栏图标下面会有对应的文本标出，未选中时，文字隐藏，如下图所示：

(5) Level 级别设置。为了让编程功能适应知识的增长，ROBO Pro 由易到难分为 5 级，可根据需要选择。

(6) Environment 可以选择编程环境。针对不同的控制器进行编程时，模块组中的功能模块略有不同，所以最好在开始编程之前确认使用该控制程序的设备。在该菜单栏目下可以选择 ROBO 接口板或者 ROBO TX 控制器环境，也可以转换二者的输入。

(7) Bluetooth 可以对蓝牙通讯进行设置。

(8) Window 是对所有打开的窗口进行的操作。当打开的窗口不止一个时，可以层叠、上下平铺、左右平铺或者切换当前的窗口。

(9) Help 是使用 ROBO Pro 软件的辅助功能，包括版本信息、调用帮助文档，在连接了 Internet 的前提下可以更新和登录慧鱼公司的网站了解更多的信息。

4.3.2 工具栏图标

单击工具栏图标可以实现相应的快捷操作。

New Open Save Delete New sub Copy Delete Start Stop Download Environ. Bluetooth COM/USB Test Continue Pause Step Zoom out Zoom in

由左至右依次实现功能如下:

新建文件,同时打开一个控制主程序的编辑界面,第一个文件名默认为 unnamed1. rpp。

打开已经存在的 * . rpp 文件。

保存文件,将当前程序保存为一个 * . rpp 文件。

删除当前选中的模块和连线,选中时会标记为红色。

新建一个控制子程序。确认后切换到子程序的编辑界面,第一个子程序名默认为 SP1。

复制当前的子程序。

删除当前界面下的子程序。

运行,用联机模式执行当前的控制程序。

停止,停止正在执行的所有程序。

下载程序至控制器。

, 选择编程环境,单击可以在两种编程环境下切换,前者为 ROBO TX 控制器编译环境,后者为 ROBO 接口板。

蓝牙通信设置。

设置与电脑连接的端口和控制器类型。

打开检测面板,进行快速硬件测试。

开始程序调试。

暂停程序调试。

单步执行。每按下一次,程序会自动转入下一个程序模块。

调整视窗中显示的模块大小。每按下一次,模块会按比例缩小。

调整视窗中显示的模块大小。每按下一次,模块会按比例放大。

4.3.3 标签和模块组

1. 标签

新建一个控制文件,在工具栏图标下可以看到如图 4-7 所示的标签:

第一行是程序栏,默认为一个主程序(Main program),新建子程序后,会在右侧添加相应名称的标签,编程时左键单击标签可以在主程序和子程序间切换。

第二行是功能栏,单击每个标签,可以进入相应界面编辑。由左至右依次为:

- Function,控制程序编写界面,使用功能模块可进行编程。

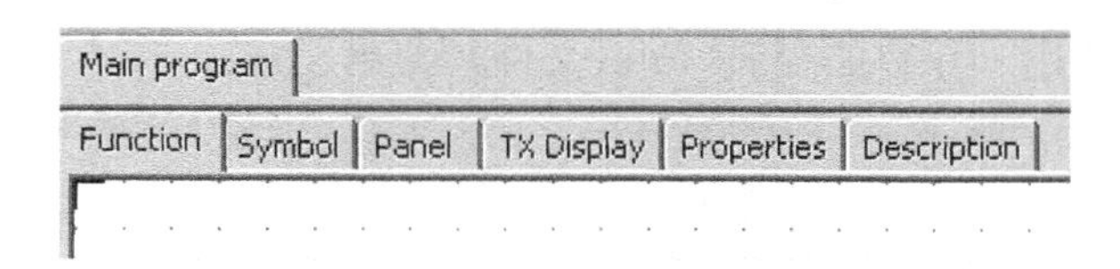

图 4-7　编辑区标签

- Symbol，编辑程序标识，ROBO Pro 会自动为每个程序生成一个浅绿色长方形块作为外观，方便在其他程序中像功能模块一样调用。如果想自定义外观标识以更好表达此程序的功能，可以在这里设计。
- Panel，面板设计，可以根据程序的需要设计面板。联机模式下，该面板能显示信息或者控制程序。
- TX Display，设计在 ROBO TX 控制器的液晶屏上显示的内容。
- Properties，设置程序的属性参数。
- Description，输入一段文字，用来描述程序。

2. 模块组

当级别在 2～5 级时，左侧模块窗口分为两栏，上面一栏为模块组，选中相应项目，下面栏目会显示该组中包含的所有模块。选择不同的级别和功能栏，标签模块组会相应改变其组合，在第 5 级、功能栏切换至 Function，模块组最丰富，此级别下模块组的分布如图 4-8 所示。

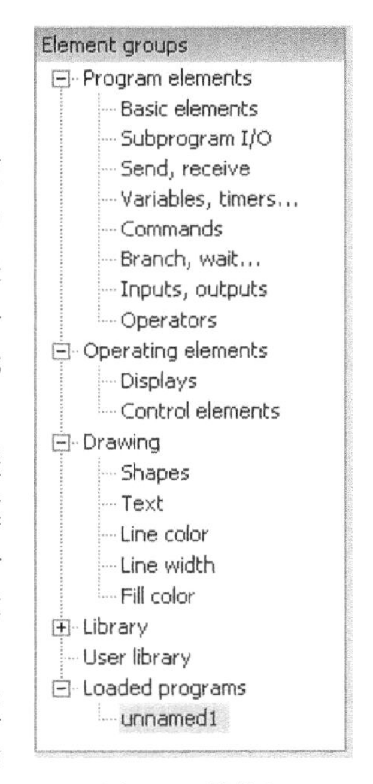

图 4-8　模块组

(1) Program elements，编程模块。包含所有编程用的功能模块，分为 8 个子组，由上至下分别是：基本模块，子程序 I/O，发送、接收，变量、定时器…，指令，分支、等待…，输入、输出和运算器。模块介绍详见第 6 章。

(2) Operating elements，操作模块。包含设计面板的功能模块，分为 2 个子组：显示和控制模块。用显示模块，可以显示变量值或者文字信息。用控制模块，如同附加各种传感器。模块介绍详见第 6 章。

(3) Drawing，绘图。包含界面设计时的基本绘图操作，分 5 个子组，由上至下分别是：形状、文本、线条颜色、线条宽度和填充颜色。

(4) Library，程序库。包含编程好的子程序和各类型模板，可以在编程时根据需要调用。

(5) User library，用户程序库。用户自行设计的程序和子程序可以保存在该库中,方便以后调用。保存路径由“File(文件)”菜单设定。

(6) Loaded programs,打开的程序。显示所有已经打开的程序,单击程序名称,下面栏目显示该程序中包含的所有主程序和子程序标识。这样在编程时不仅能插入当前文件中的子程序,还可以很方便地使用其他文件的子程序。

本章是对编程软件 ROBO Pro 的简要介绍,下一章将从实例出发,由浅入深讲解机器人控制的过程。

准备好,我们要通过电脑来控制机器人模型了。

第5章　快速入门

本章以 ROBO TX 控制器为例，组建基础控制对象，讲解在 ROBO Pro 环境下机器人的控制程序编写过程，让读者尽快熟悉软件的特点，学习后能够灵活运用，控制模型自主运动。

5.1　快速元件测试

利用 ROBO Pro 软件，不仅能进行控制程序的编写，还可以联机进行元件的检测，该功能在选择元件准备组装制作之时十分有用，在作品最终结构成型之前就对一些关键的部位进行检测，及时地更换不合格的元件，可以降低返工的概率，避免因元件失灵而影响到后期程序控制的效果，所以建议在程序编写甚至是机构设计之前，先将所用到的元件都检测通过。当然如果忘了也没有关系，因为通过检测面板，即使在程序编写的过程中，也可以随时检测每个元件是否工作正常。

5.1.1　连接 ROBO TX 控制器

按照图 5-1 所示步骤即可快速连接使用 ROBOTX 控制器：

(1) 通过 USB 线，连接控制器与电脑。

(2) 通过转换插头连接 9V 电源适配器与控制器 9V-IN 插口。

(3) 通/断开关置于 ON 档启动控制器。

(4) 液晶屏会出现短暂的欢迎界面和控制器硬件信息，然后会出现状态窗口，状态窗口是进入控制器菜单的初始界面，各级菜单说明详见附录 4。

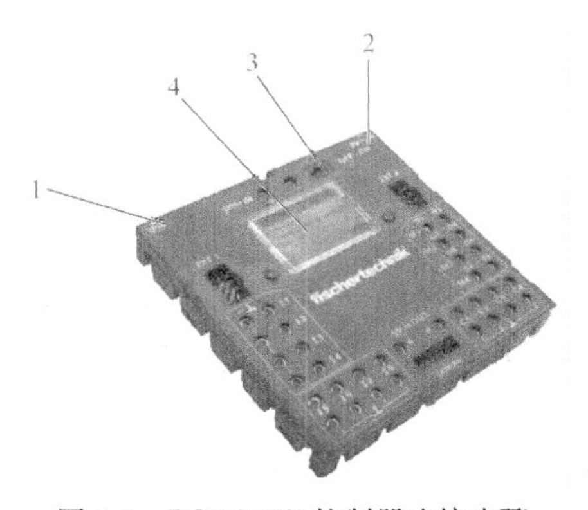

图 5-1　ROBO TX 控制器连接步骤

5.1.2　软件设置

为了使电脑和控制器正常连接，编程软件必须针对当前使用的控制器进行设

置。打开 ROBO Pro,请按照如下步骤设置:

(1)

在工具栏中选择,弹出端口设置的窗口。在这里选择与电脑的连接端口和控制器的类型。实验中选择 USB 连接的 ROBO TX 控制器,设置如图 5-2 所示。

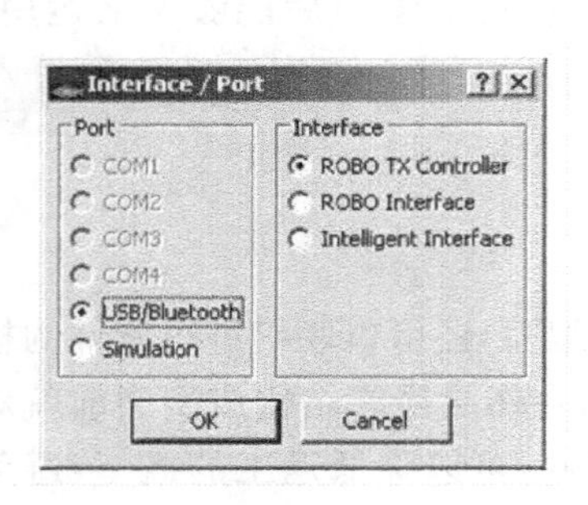

图 5-2 端口设置

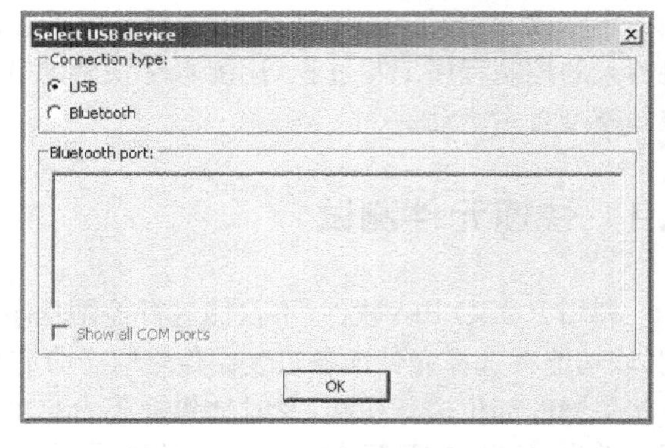

图 5-3 连接类型

“OK”确定后,选择连接类型 USB,如图 5-3 所示,“OK”确定,完成端口的信息设置。

(2)

在完成 5.1.1 的操作后,点击工具栏中的检查接口板和元件工作情况。如果控制器已经与电脑建立了正确的连接,将出现图 5-4 所示的检测面板。

该窗口显示了接口板有效的输入和输出。

Inputs:I1~I8 八路通用输入接口,点击后面的下拉菜单,可以选择接在该端口的传感器类型,例如,图 5-4 中,I1 可检测开关、干簧管、光电传感器等数字量输入;I2 可检测踪迹传感器;I3 可检测颜色传感器;I4 可检测光电传感器、温度传感器、电位器等模拟阻抗输入;I5 可检测超声波传感器。

Outputs:M1~M4 四路马达输出,鼠标点选界面上的输出状态或拖拽滑块,模型上指定端口连接的设备即做相应动作。

Counter Inputs:C1~C4 四路快速计数器输入接口。Counter 栏显示脉冲计数,点选 Reset 清零当前的计数。

State of port:Connection 栏显示电脑和控制器的连接状态。Running 和绿条表示控制器工作正常,Stop 和红条表示控制器没有正常工作,注意调整电源以及数据线的连接,并重新打开面板测试,直至工作正常。

Master/Extension Module:可以选择检测哪一块控制器,在未扩展的情况下,

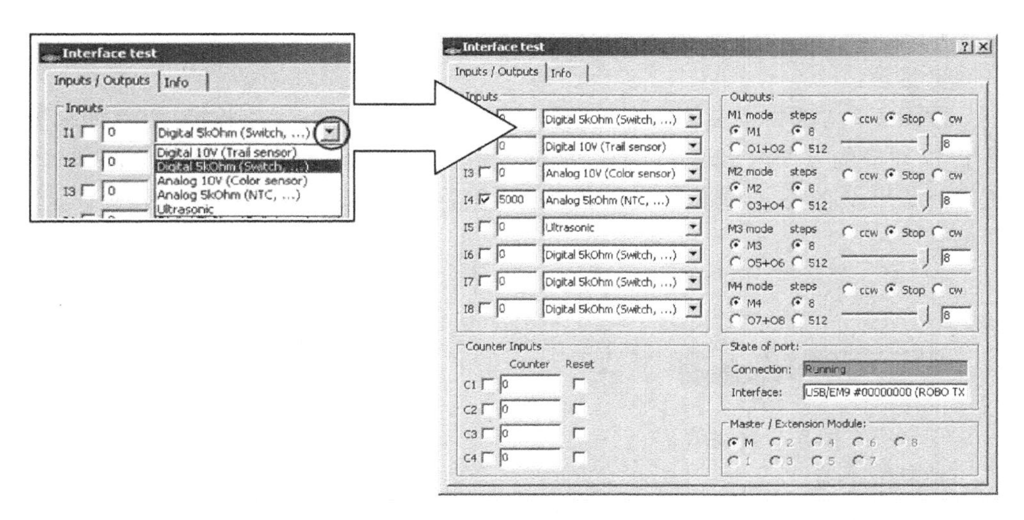

图 5-4　检测面板

通常选择 M，即主控制器。

5.1.3　检测器件

下面介绍几种慧鱼机器人中常用元件的检测方法。

注意：在插拔电气元件时，可以不断开 9V 电源线，但必须将控制器的通/断开关置于 OFF 档，连接完成，置于 ON 档，再打开检测面板。

1. 检测数字量输入(I1～I8)，类型选择 Digital 5kOhm(Switch，…)

开关(接常开触点)：

按图 5-5 方式将开关接在控制器 I1 处，用手按住开关上的红色按键，观察检测面板，如果屏幕上 I1 对应的方框内出现“√”且后面的数字变为 1，手松开恢复为 0 同时“√”消失，说明输入正常。如果没有变化，将接在开关上的两个接线头短接，如果出现“√”且后面的数字变为 1，说明是开关损坏，反之则是导线。更换相应元器件，再次检测直到输入正常。

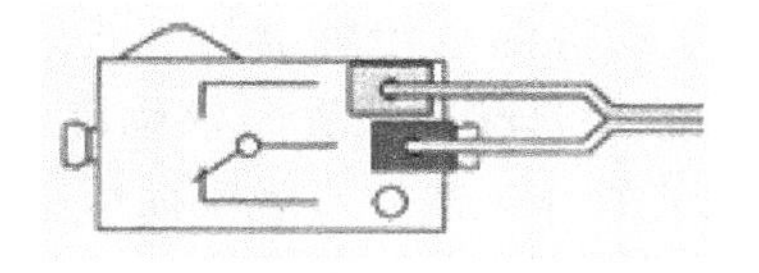

图 5-5　常开触点开关

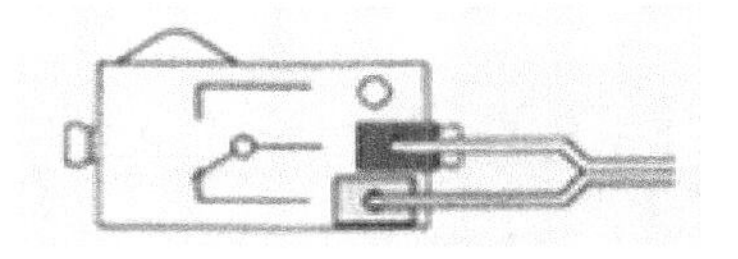

图 5-6　常闭触点开关

补充说明：如果开关的接入方式为常闭，如图 5-6 所示，则未按下按键时屏幕上 I1 对应的方框内出现“√”且后面的数字为 1，按下按键“√”消失且后面的数字变为 0。

干簧管:

按图 5-7 方式将干簧管接在控制器 I2 处,用磁铁靠近,观察检测面板,如果屏幕上 I2 对应的方框内出现"√"且后面的数字变为 1,磁铁远离恢复原状,说明输入正常。如果没有变化,调整导线或者更换干簧管,再次检测直到输入正常。

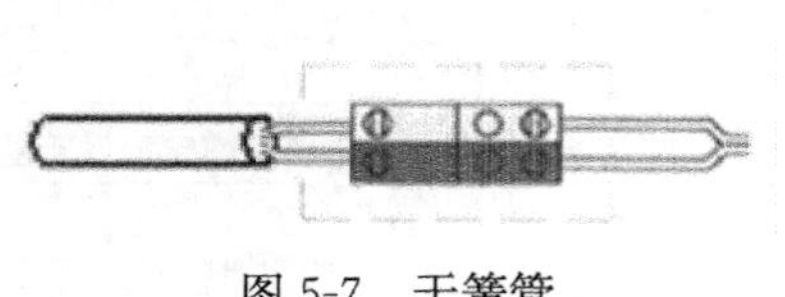

图 5-7 干簧管

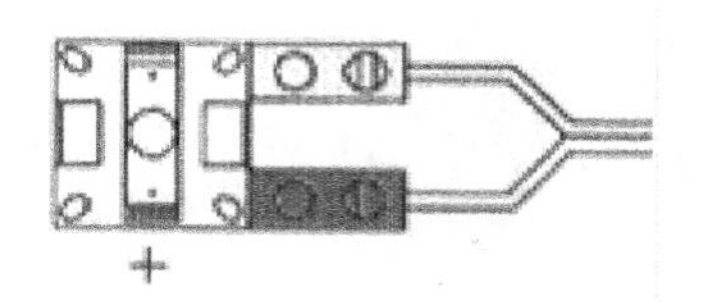

图 5-8 光电传感器

光电传感器:

按图 5-8 方式将光电传感器接在控制器 I3 处,在光电传感器接收端前点亮足够强度的光源(可用点亮的发光管作为光源),观察检测面板,如果屏幕上 I3 对应的方框内出现"√"且后面的数字变为 1;阻断光源恢复原状,说明输入正常。如果没有变化,将接在光电传感器上的两个接线头连接位置互换,再次测试,如果还是没有变化,将接在光电传感器上的两个接线头短接,若此时有变化,说明是光电传感器损坏,若还是没有反应则是导线。更换相应元器件,再次检测直到输入正常。

2. 检测模拟量输入(I1～I8),类型选择 Analog 5kOhm(NTC,…)

光电传感器:

仍按图 5-8 方式将光电传感器接在控制器 I4 处,在光电传感器接收端前点亮足够强度的光源,观察面板上 I4 后面的数值是否会随着接收到的光线强弱而变动,光越强数值越小;阻断光源,数值显示为 5 000。如果该区域没有变化,将接在光电传感器上的两个接线头互换,再次测试,如果还是没有变化,将接在光电传感器上的两个接线头短接,若数值变得很小,说明是光电传感器损坏,反之则是导线。更换相应元器件,再次检测直到输入正常。

温度传感器:

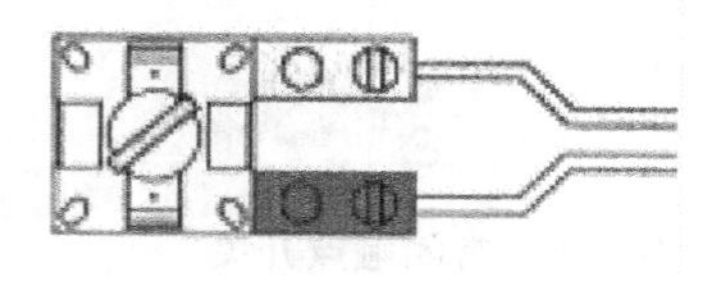

图 5-9 温度传感器

按图 5-9 方式将温度传感器接在控制器 I5 处,在温度传感器接收端前放置足够强度的热源(可用点亮的发光管作为热源),观察面板上 I5 后面的数值是否会随着热量高低而变动,温度越高数值越小;移走热源,数值变大。如果没有变化,将接在温度传感器上的两个接线头短接,若数值变得很小,说明温度传感器损坏,反之则是导线。更换相应元器件,再次检测直到输入正常。

电位器:

按图 5-10 方式将电位器接在控制器 I6 处,右手旋转电位器的转柄,观察面板上 I6 后面的数值是否会随着转动的角度不同而变动;转至两个极限位置,后面的数值相应为最大或者最小。如果没有变化,将与电位器相连的两个接线头短接,若数值变得很小,说明是电位器损坏,反之则是导线。更换相应元器件,再次检测直到输入正常。

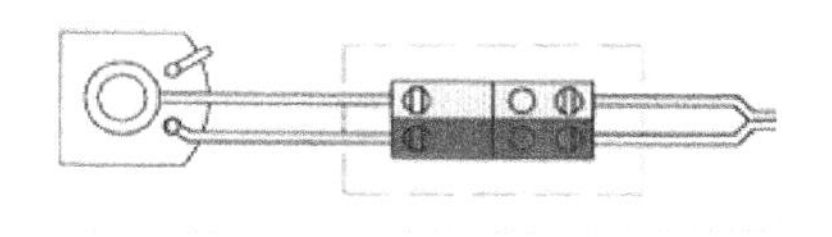

图 5-10　电位器

3. 检测马达输出(M1～M4)

灯泡:

按图 5-11 方式将灯泡的底座连接在控制器 M1 处,单击 M1 栏目内对应的运行模式,选择 cw 和 ccw 模式,灯都应该点亮,选择 stop 模式,灯泡熄灭。如果灯泡没有变化,换一根好的导线,再次测试,若灯泡还是不能点亮,说明是灯泡损坏,反之则是导线。更换相应元器件,再次检测直到输出正常。

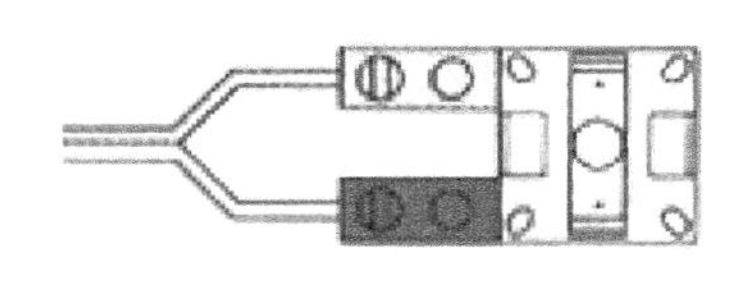

图 5-11　灯泡

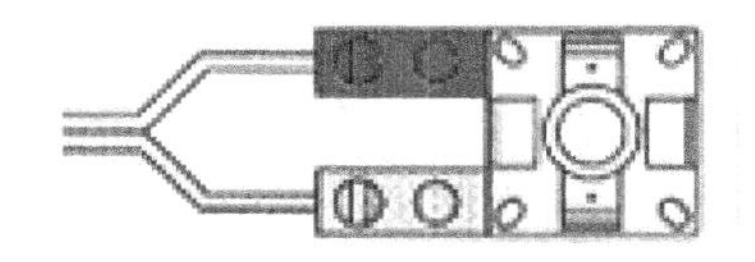

图 5-12　发光管

发光管:

接线如图 5-12 所示。发光管就是一种带有透镜的特殊灯泡,所以与灯泡的检测过程完全一致。

注意:灯泡(9V,0.1A)和发光管(9V,0.15A)在外形上很相似,但发光管光束更集中、发热量更大,所以灯泡只是用亮灭来表达信息,而发光管还有与光电、温度传感器配合使用的功能,使用时要学会识别。

迷你电机(小马达):

按图 5-13 方式将电机连接在控制器 M2 位置,单击 M2 栏目内对应的运行模式,选择 ccw,电机左转,选择 cw,电机右转,选择 stop 模式,电机停转。电机的左转和右转对应的是输出轴的两个旋转方向,也就是我们常说的正反转,编程时可通过软件指定电机的转向。此外,对调接在电机上的两个接线头也可以改变转向。如果电机没有转动,换一根好的导线,再次测试,若电机还是没有转动,说明是电机损坏,反之则是导线。更换相应元器件,再次检测直到输出正常。

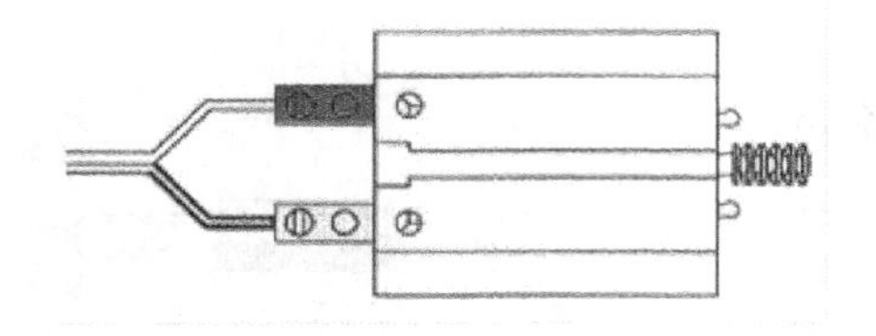

图 5-13　迷你电机

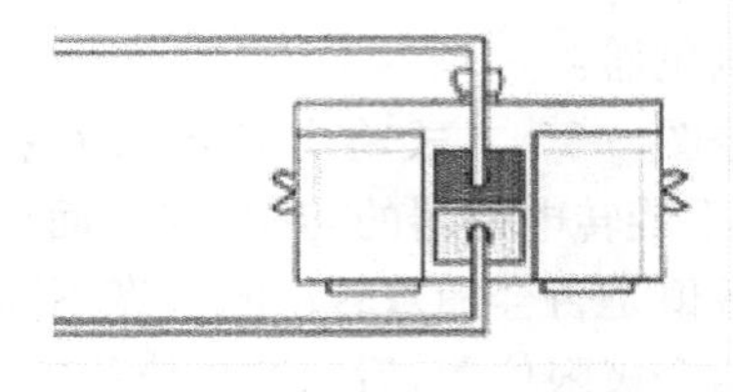

图 5-14　电磁铁

大功率电机(大马达):

与迷你电机的检测过程完全一致。

电磁铁:

按图 5-14 方式将电磁铁连接在控制器 M3 位置,单击 M3 栏目内对应的运行模式,选择 cw 和 ccw 模式,将电磁铁移到小铁片附近,铁片会被吸起,选择 stop 模式,铁片被放下。如果铁片没有被吸起,换一根好的导线,再次测试,若铁片还是不能被吸起,说明是电磁铁线圈损坏,反之则是导线。更换相应元器件,再次检测直到输出正常。

5.1.4　关闭

检测完毕,按右上角☒关闭检测面板。

将通/断开关置于 OFF 档关闭控制器,拔出电源供给插头。

5.2　组建机器人模型

编写控制程序,需要针对专门的控制对象。请按照如下步骤先将基础控制对象搭建成型:

(1) 挑选合格的电气元件。按照 5.1.3 节介绍的方法,检测所有用到的输入和输出元件,在该控制对象中,须检测 3 个开关、1 个光电传感器、2 个灯泡、1 个发光管和 1 个小马达,共 8 个元件以及 8 根导线,可逐个多次测试也可以同时使用控制器数字量输入 I1～I4、输出 M1～M4 位置一次测试,更换不能正常工作的元件,直至所有的元器件都检测合格。

(2) 确定其他基础构件。根据要制作的控制对象特点,选择不同的机械构件来组装。

(3) 固定构件。按照图 5-15 所示步骤,将所选构件固定。

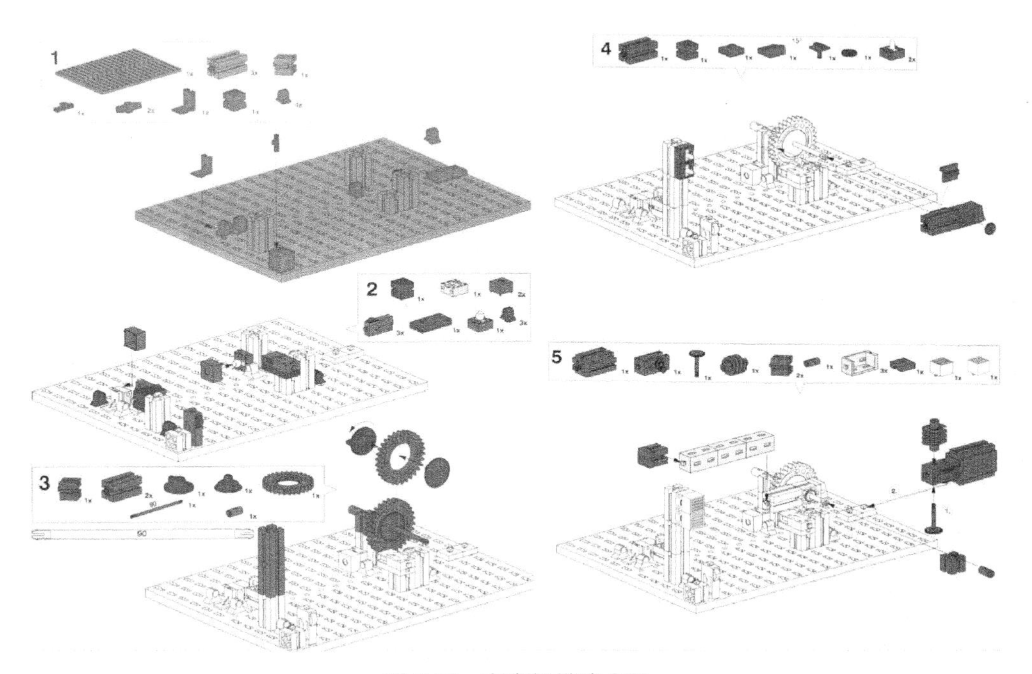

图 5-15 车库门搭建步骤

(4) 按照图 5-16 进行连线,整理后完成效果如图 5-17 所示。

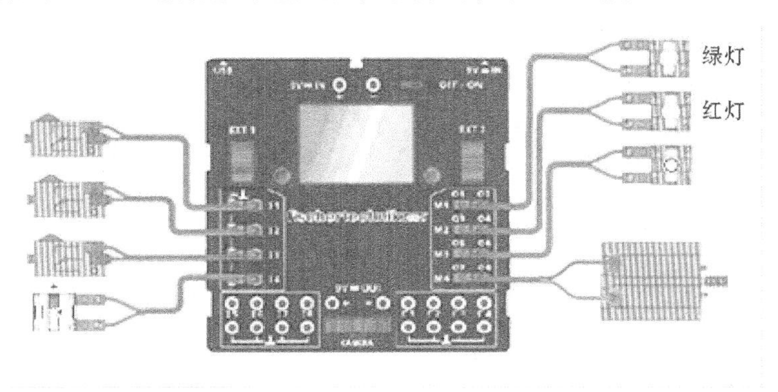

图 5-16 车库门连线图

搭建完成简易的慧鱼机器人后,新建一个控制项目,准备开始编写第一个 ROBO Pro 控制程序。

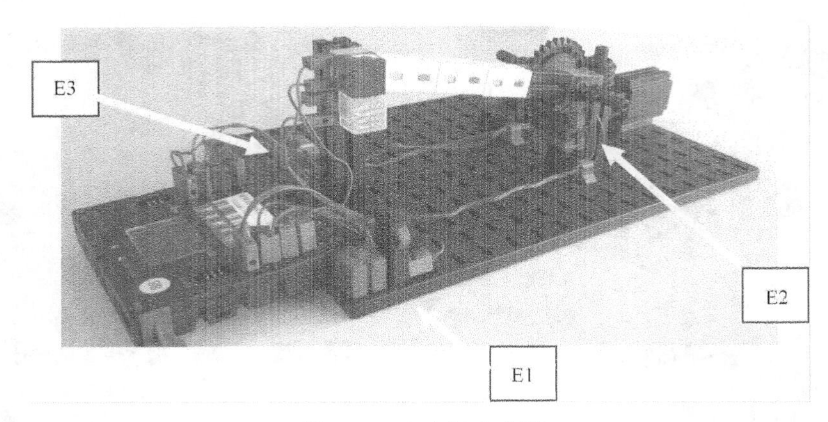

图 5-17　车库门完成图

5.3　新建控制程序文件

ROBO Pro 编程分为 5 级，可根据编程需要进行选择，级别越高，模块越多，功能也更加丰富。程序引入流程图的概念，编程过程就是调用各种功能模块，并用线将模块进行连接，每个功能模块可以实现特定的小功能，连线的箭头标出其执行的先后顺序，当程序开始运行，将根据连线指向逐个执行功能模块，组合在一起实现各种动作效果。所以这里的编程就是对功能模块进行逻辑组合，而不是书写长长的语言代码，更适合初学者理解和使用。

(1)

编程前，先确认编程环境为 ROBO TX 控制器，如果不是，点击工具栏切换到图标。

(2)

鼠标左键点击工具栏中的，即可建立一个新程序。初始界面如图 5-18 所示：

如果在左边的区域内看到两个层叠的窗口，请切换到第一级，即菜单“Level”中的 Level1：Beginners(初学者)。如图 5-19 所示：

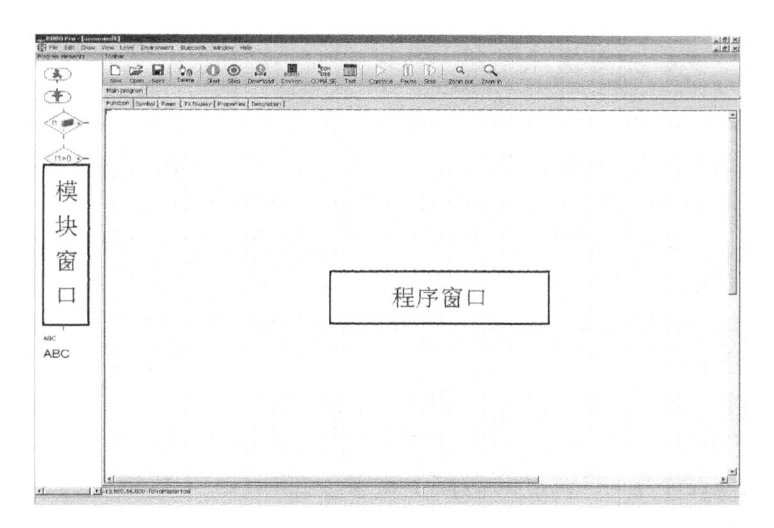

图 5-18 编程初始界面

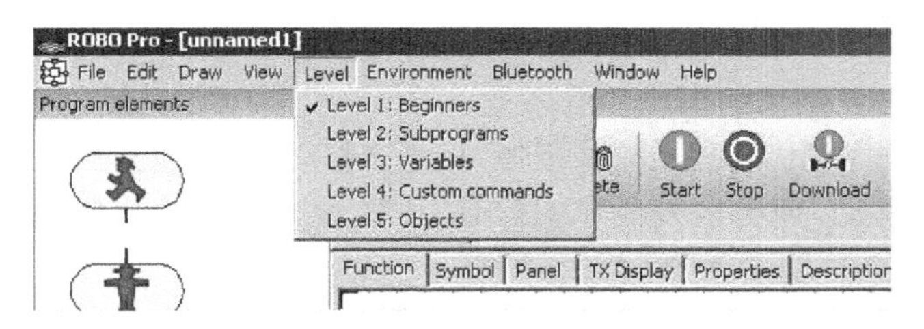

图 5-19 编程软件的级别切换

5.4 功能模块

功能模块是程序执行的基本单元,下面介绍一些关于模块的常用操作。

5.4.1 插入功能模块

有两种方法插入功能模块:

(1) 在模块窗口内,移动鼠标到功能模块的标识上,单击左键。然后移动鼠标到程序窗口内,再一次单击左键。

(2) 按住鼠标左键把功能模块拖入程序窗口。

注意:如果新插入的模块与已有模块的连线端间距很小,那么两个模块很可能会被自动连接。

5.4.2　移动功能模块和组

有两种方法移动功能模块和组：

(1) 程序内移动。按住鼠标左键，将一个已插入的功能模块移动到理想的位置。如果想将一些模块合并成一组同时移动，可以按住鼠标，沿着这些模块的外围画出一个框。在此矩形区域中的模块将会显示红色的边框。只要用鼠标左键拖动这些红色模块之中的一个，所有的红色模块都被同时移动。还可以按住 Shift 键后用左键单击每个模块来选中它们。在空白区域单击左键，所有红色标记的模块都会回到未选中时的状态。

(2) 程序间移动。如果想将模块从一个程序移动到另一个，可以在选中模块后，同时按下键盘上的 Ctrl 和 X 键，或者在"Edit(编辑)"菜单中选择"Cut(剪切)"，切换到另一个程序中，并通过同时按下键盘上的 Ctrl 和 V 键，或者在"Edit(编辑)"菜单中选择"Paste(粘贴)"，在新程序中插入模块。

5.4.3　复制功能模块和组

有两种方法复制功能模块和组：

(1) 程序内复制。与移动模块类似，只是在移动前先按住键盘上的 Ctrl 键，这样模块并未被移动，而是被复制了。但是，用这种方法只能将模块复制到同一个程序。

(2) 程序间复制。使用剪贴板，可以将模块从一个程序复制到另一个程序。首先用 5.4.2 中描述的方法，选中要复制的模块。然后同时按下键盘上的 Ctrl 和 C 键，或者在"Edit(编辑)"菜单中选择"Copy(复制)"，则所有的已选模块都会被复制到剪贴板。接着可以切换到另一个程序，并通过同时按下键盘上的 Ctrl 和 V 键，或者在"Edit(编辑)"菜单中选择"Paste(粘贴)"，再次在新程序中插入模块。模块被复制后可以多次粘贴。

5.4.4　删除模块和撤销功能

按下键盘上的删除(Del)键，可删除所有标记红色边框的模块。也可以用删除功能删除单个模块：

首先在工具栏中点击，然后单击要删除的模块。可以利用菜单"Edit(编辑)"中的"Undo(撤销)"功能恢复已被删除的模块。使用这个菜单项，可以撤销任何对程序所作的改动。

5.4.5　编辑功能模块的参数

鼠标右键单击程序界面中的功能模块，会出现一个对话窗口，可以在这里改变模块的各种属性，详细介绍参见第6章。

5.5　连接线

ROBO Pro 的功能模块上有蓝色和橙色两种连线端，与之相应的连接线也有蓝色和橙色两种。蓝色线连接的模块执行控制指令，橙色线连接的模块访问和传递数据。为方便区分，本书称蓝色的端口为入口和出口，橙色的端口为输入和输出。通常模块的入口在上方，出口在下方和右侧，输入在左侧，输出在右侧。

5.5.1　连接各功能模块

进程连线法则：①出口（输出）和入口（输入）对应连接，箭头指向入口（输入）；②同类型的端口或不同颜色的端口间不能连线；③为保证执行逻辑，每个出口只能连接一个入口端。

连线方法：大多数情况下，可通过左键单击需要连线的出口（输出）和入口（输入），完成模块间的连接。双击结束连线。此外，还有两种特殊的方式能够连接各类功能模块：

(1) 自动连接。如果先后放置的模块间相隔很近，则大多数的入口（输入）与出口（输出）都将由程序进程来自动连接。对于未连接的部分需要手动补充完整，例如可以通过相继在如图5-20所示处单击鼠标，来连接这条线。

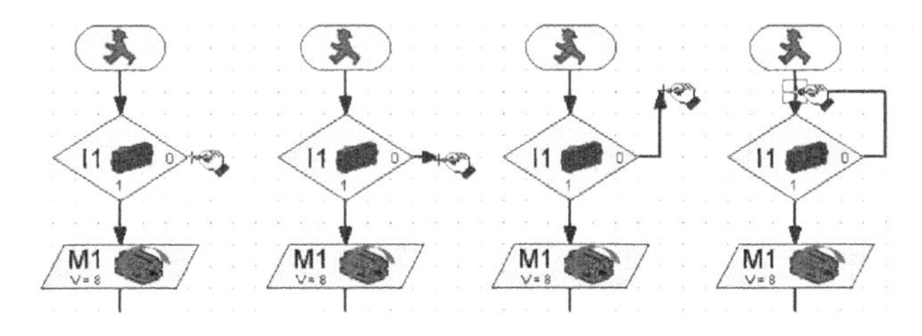

图5-20　单击鼠标完成连线

(2) 通过移动功能模块来建立连接线。如果移动一个功能模块，使得它的入口（输入）邻近另一个模块的出口（输出），就可以建立两个模块间的连线。同样，也适合于将出口（输出）移动到入口（输入）附近。然后将功能模块移动到最终位置，如图5-21所示。

如果线没有被正确连接到一个端口或另一条线上，将会在箭头处出现绿色矩

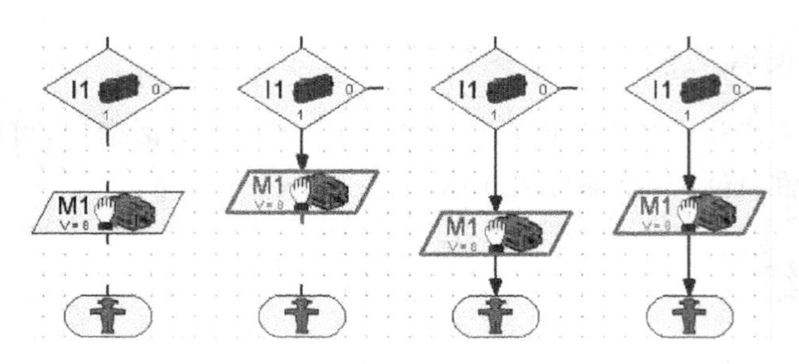

图 5-21　移动模块完成连线

形。在此情况下,应该通过移动或删除及重画线条来重新建立连接。否则,程序执行到这里就不能再向下运行。

5.5.2　改变连接线

如果移动了某一模块,ROBO Pro 会试图以一种合理的方式调整连接线。如果对某线不满意,按住鼠标左键可拖动这条线。根据鼠标点在这条线上的位置,线的某一角或某一边缘处便会被移动。以下是不同鼠标位置的用法:

鼠标处于一根垂直线上,可以通过按住左键来拖动整条垂直线。

鼠标处于一根水平线上,可以通过按住左键来拖动整条水平线。

鼠标处于一根斜线上,当在线上单击左键时,会在线上插入一个新的点,然后可以通过按住左键并拖动这条线来确定这个新点的位置。

鼠标处于线的端点附近或连接线的夹角处,可以通过按住左键来移动这一点。只能将此连接线的端点移到另一个合适的功能模块的接线端,这样两个端点就连上了,否则不能移动。

5.5.3　删除连接线

删除连接线和删除功能模块的方法一样。左键单击某条线,使得它显示为红色。然后按下键盘上的删除(Del)键来删除这条线。如果按住 Shift 键后点击,可以连续选中多根线。除此以外,还可以通过框起这些线来选中它们,然后在按下 Del 键时删除所有红色的线。

5.6　程序的调试及下载

程序编好之后可先联机运行，以便调试。点击工具栏运行程序。正在运行的功能模块会以红色边框显示，可据此观察程序运行过程，调试程序。

如需中断或者停止程序可点击工具栏。

ROBO Pro 会测试是否所有功能模块都被正常连接。如果某个模块没有适当连接或出现一些顺序错误，会标示出红色边框，并弹出相应的提示窗口，例如"数字分支"模块的"0"出口没有连线会弹出图 5-22 窗口。

必须首先排除其中指出的错误。否则，程序无法启动。一些常见的错误提示以及应对方法参见附录 5。

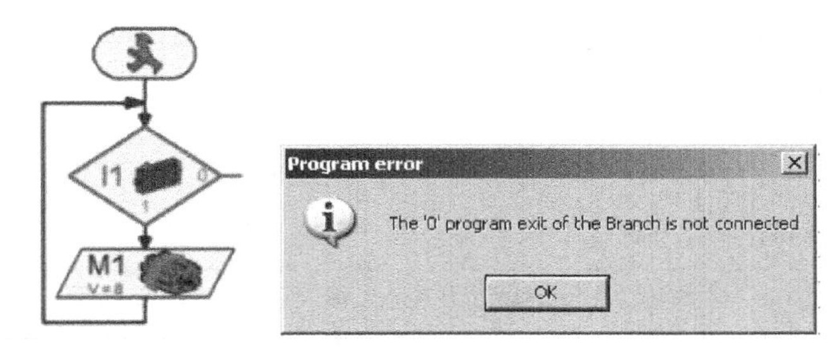

图 5-22　错误提示

联机模式下测试控制程序，可以在屏幕上跟踪程序的进程，因为当前活动的模块在屏幕被标示成红色，可以用联机方式来帮助理解程序或者找出程序中的错误。

联机方式下，可以通过按钮来暂停程序和继续执行程序。能在不停止程序的情况下，得到一些有关机器人模型的数据和资料。暂停按钮对于理解程序运作的原理十分有用。

使用按钮，可以逐个模块分步地执行程序。每次按下该按钮，程序会自动转入下一个功能模块。如果执行"延时"或"等待"功能的模块，它可以延长程序向下一个模块转换的时间。

如果调试程序无误，并且确保控制器与电脑的端口连接正确，即可点击工具栏进行程序下载。此时系统弹出如图 5-23 所示的设置窗口。

图 5-23　下载设置

选择存储区域、程序启动形式等相关项目之后点击"OK"即进入下载过程。下载完成系统将给予提示。此时可断开电脑与控制器之间的连接线，在下载模式下运行慧鱼机器人模型。

注意：

RAM 和 Flash 两种存储的区别在于断电后，存储在 Flash 中的程序不会丢失。在测试阶段，程序只需要先装载到 RAM 中，把最终的程序存储到 Flash 中。这样，可以延长 Flash 的寿命，它的极限大约是擦写 10 万次。

联机和下载两种操作模式优缺点如表 5-1 所示：

表 5-1　联机模式和下载模式的特点

模式	优　点	缺　点
联机	◆ 程序的执行可在屏幕上显示出来 ◆ 大程序的执行更快速 ◆ 可以同时控制多个控制器 ◆ 支持智能接口板 ◆ 可以使用面板 ◆ 程序可以暂停和继续	◆ 电脑与控制器必须保持连接
下载	◆ 电脑和控制器可以在下载后断开	◆ 不支持智能接口板 ◆ 程序的执行无法在屏幕上显示出来 ◆ 只能控制最多 8 个扩展设备

联机操作中，程序由电脑执行，在此模式下，电脑将控制指令传送到控制器，为此只要程序运行，控制器必须与电脑相连。而在下载操作中，程序由控制器自身执行，电脑将程序传输并储存在控制器中，一旦完成，电脑与控制器之间的连接就可以断开了，之后控制器可以独立于电脑执行控制程序。例如在控制移动机器人时，电脑与机器人之间有数据线连接将十分累赘，此时下载操作就很必要。尽管如此，控制程序应该首先在联机模式下测试，因为那样更容易发现错误。一旦完全测试通过，程序就可以下载到控制器。

此外，通过蓝牙连接的方式可以集合两者的优点，既能通过电脑实时监测程序的执行过程又省去两者连接的数据线，使得机器人的控制更加灵活，ROBO TX 控制器具备蓝牙通讯功能，其具体的用法详见附录 6。

5.7　熟悉和使用软件编程

因篇幅有限，在这里仅简单介绍几个典型功能模块的用法，本书第 6 章有功能模块更为详细的介绍，供编程时学习参考。

5.7.1　第一个程序

任务：熟悉软件的基本操作，理解输入和输出的概念，使用开关实现对灯的两种不同控制方式。

控制方式1：程序开始运行，手按住I1按键，绿灯点亮；手松开，绿灯熄灭。

插入基本功能模块：开始、数字分支、马达输出。

“开始”模块。程序必须起始于一个“开始”模块。它的标识是一个正在行走的小绿人。在模块窗口中直接用鼠标左键单击“开始”模块，把鼠标移到程序窗口中，再单击一次左键，插入模块。

“数字分支”模块。使用该模块可以查询输入端口的状态并决定程序下一步的走向。插入后，右键单击模块，出现属性窗口。如图5-24所示设定各个参数。

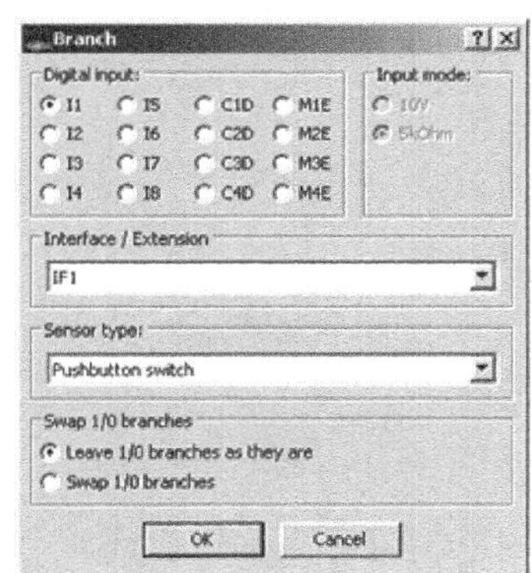

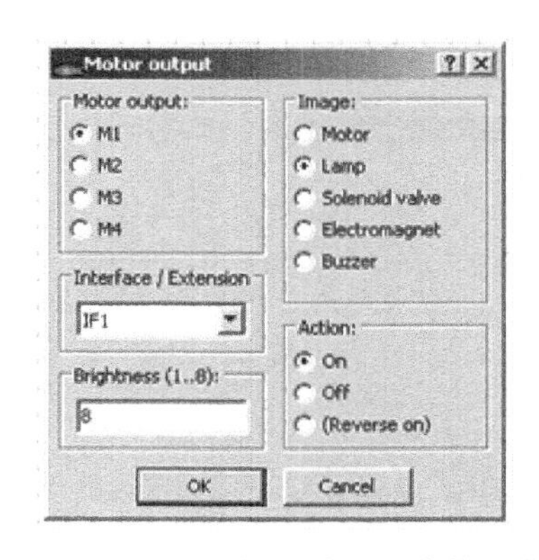

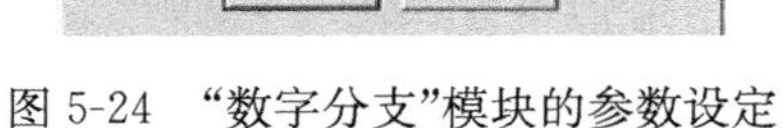

图5-24　“数字分支”模块的参数设定　　　　图5-25　“马达输出”模块的参数设定

“马达输出”模块。使用该模块，可以通过设定一些参数来控制某一个灯点亮或者熄灭。调用出模块后，右击模块打开属性窗口。如图5-25所示设定各个参数。

在“Action”一栏，选择输出端口的动作。可以让灯点亮(On)或者熄灭(Off)。参数输入好的模块标识如下图所示：

放置好基本功能模块，连线完成完整的程序，如图5-26所示。

联机运行程序，用手改变开关按键的状态察看灯的变化情况。

控制方式2：程序开始运行后，I1开关键按下一次，绿灯点亮；再按一次，绿灯熄灭；再按一次，绿灯点亮，……，反复执行。

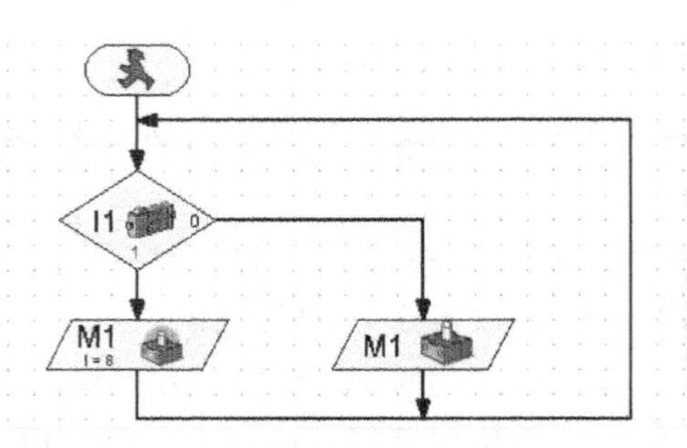

图 5-26　控制方式 2 范例程序

插入功能模块:开始、等待输入、马达输出。

“等待输入”模块 [I1 图标] 。模块等待输入的变化,当满足设定的触发条件后可继续执行下面的功能模块。插入模块后,鼠标右键点击模块,打开属性窗口,如图 5-27所示设定各个参数。

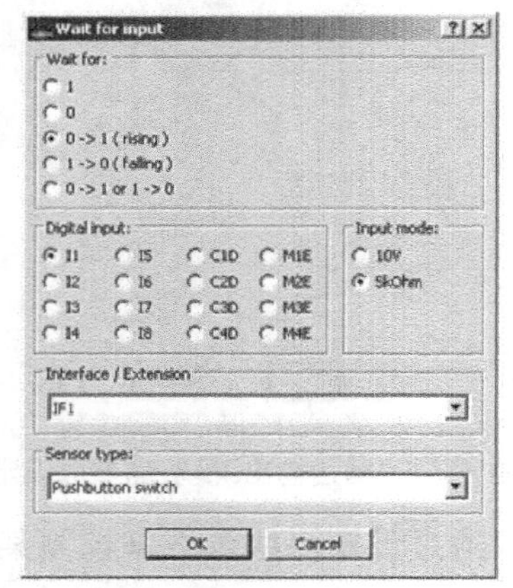

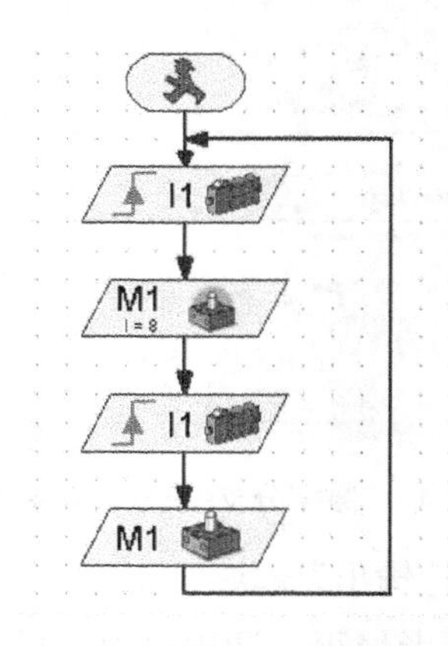

图 5-27　“等待输入”模块的参数设定　　　　图 5-28　控制方式工范例程序

“马达输出”模块仍按照前面的方法设置。

参数输入完毕的完整程序图如图 5-28 所示:

“等待输入”模块共有五种不同的形式,也可以由“数字分支”模块的组合来代替,关系如表 5-2 所示,但是“等待输入”模块更简单,更容易理解。

表 5-2　“等待输入”与“数字分支”模块的替代关系

标识	1 I1	0 I1	I1	I1	I1
等待输入	输入=1 (闭合)	输入=0 (打开)	跳变 0~1 (上升沿)	跳变 1~0 (下降沿)	跳变 1~0 或 0~1(任一)

（续表）

“数字分支”组合	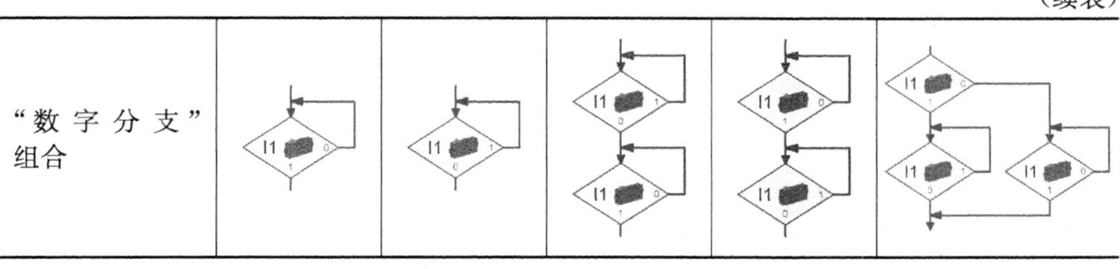				

运行该程序，比较一下两种控制方式的不同点，程序编写时，可根据不同的要求，灵活的选用模块。试试看，能否用“等待输入”模块实现控制方式 1 呢？

5.7.2 简单的控制

任务：学习第 6 章 6.1.1 节“第 1 级”的基本模块，对车库门模型进行控制。

尝试设计一扇自动的停车库大门，当车开到了车库门口，按一下门口开关，门由电机牵引打开。这台电机一直保持运转，直到门完全打开。间隔一定时间后车库门自动关闭。

参考程序如图 5-29 所示。

流程解读：程序开始——不断查询门口开关 I1 的状态——按键按下则电机逆时针转动（开门）——直至门完全打开触碰到打开的限位开关 I2——电机停止转动——等待 10s——电机顺时针转动（关门）——直至门完全关闭触碰到关闭的限位开关 I3——电机停止——程序结束。

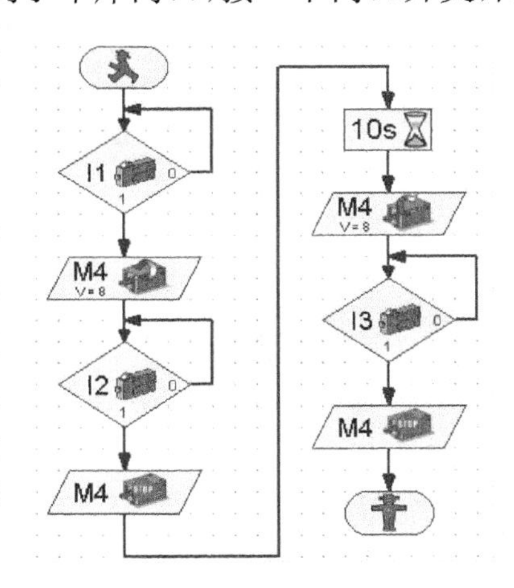

图 5-29 车库门控制程序

思考：如果需要等待车通过后关闭车库大门应该如何修改程序？提示：可使用光电传感器 I4 和发光管 M3，通过感知光线是否被遮挡来判断车辆的通行情况。

5.7.3 运用子程序

任务：学习“第 2 级”模块，用子程序设计 5.7.2 节中的车库门控制系统。

经过分析，程序可由四个相对独立的部分组成：

（1）等待，直到按下开关。

（2）开门。

（3）等待 10s。

(4) 关门。

其中开门和关门的过程可以做成子程序。

首先,在“Level”菜单中选择“Level 2:Subprograms”。模块窗口消失,左栏一分为二,如图 5-30 所示。

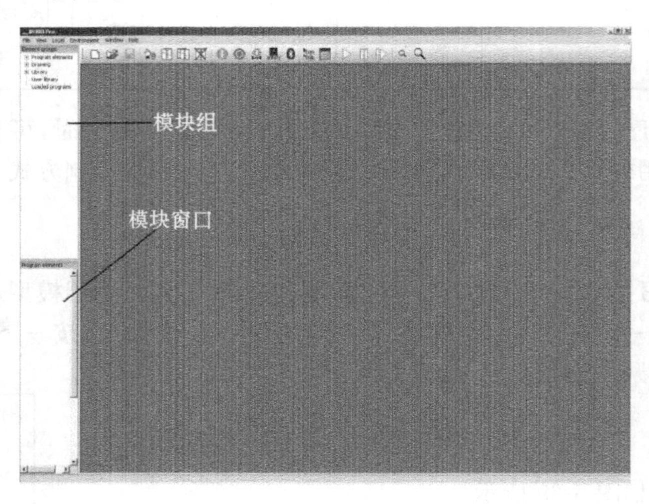

图 5-30 ROBO Pro 的初始界面(level2-5)

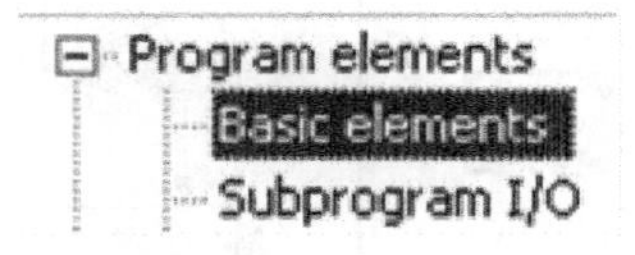

因为有更多的功能模块,所以在第 2～5 级中所有模块都编成模块组。选择左上栏的一个组,属于这个组的所有模块会在下面的窗口出现。可以在模块组 Program elements | Basic elements 里找到第 1 级的模块。

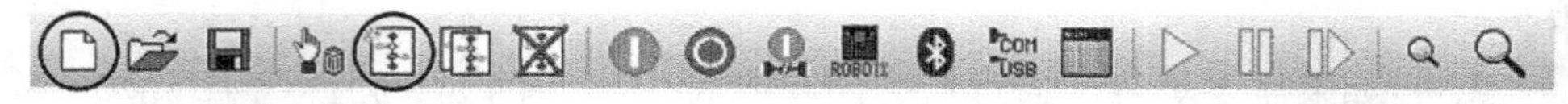

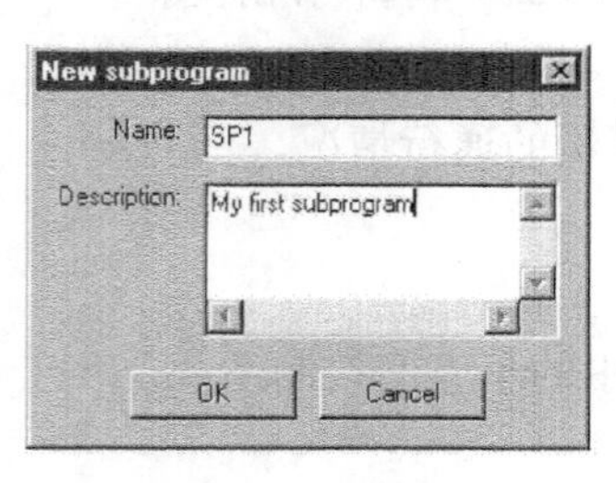

图 5-31 子程序定义窗口

新建一个控制程序文件,再单击工具栏上的图标新建一个子程序,此时会出现一个窗口,如图 5-31 所示,在窗口内可以输入子程序的名称和描述。

子程序的名称最好不要太长,不然子程序封装后标识会很大。单击 OK,关闭新建子程序窗口,在程序状态栏上会增加一个子程序的标签。

如:Main program SP1 。

可以随时点击程序栏上的标签在主程序和不同的子程序之间切换。

子程序的名称可以修改。通过点击功能栏中的 Properties 标签，可以切换到子程序的属性界面，如图 5-32 所示。在这里可以将子程序名 SP 1 改成 open。其他大多数区域的设置要在更高级甚至是专家级中才能改变。

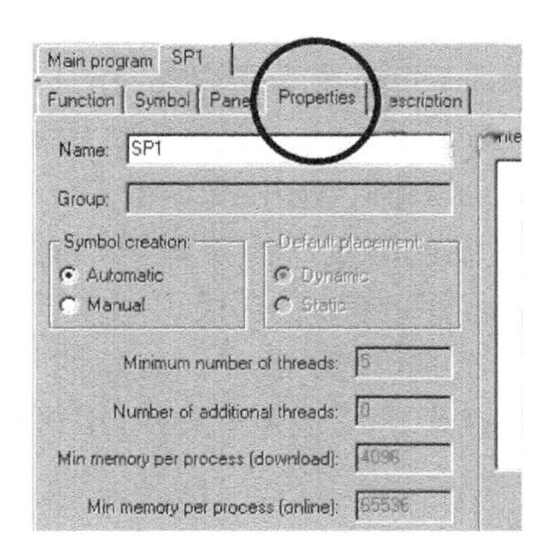

图 5-32　子程序属性设置界面

点击功能栏上的 Function 标签，回到程序界面，可以对子程序的功能进行编程。

主程序始于一个“开始”模块，子程序始于一个相似的模块——“子程序入口”，控制进程从主程序经由这个模块进入子程序。其关系如表 5-3 所示：

表 5-3　“子程序入口”与“开始”模块功能对照表

开始	开始一个新的独立的进程
子程序入口	程序控制由主程序交到子程序

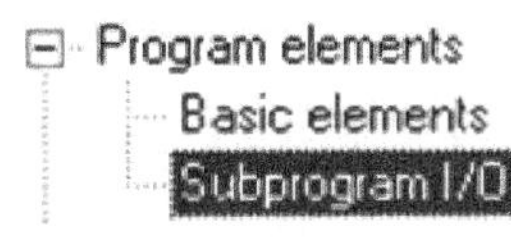

选中模块组 Program elements | Subprogram I/O，可以在下面的模块窗口中找到“子程序入口”模块。将“子程序入口”放在 open 程序界面的顶部，同时给“子程序入口”模块取一个名字，这在区分同一个子程序的多个入口时很有必要。

开门子程序作为主程序的一部分运行，负责启动电机向左转(开门)，一直等到压下输入端 I2 的限位开关后，再将电机停止。

用“子程序出口”来关闭程序。“子程序出口”与“结束”模块之间的关系和“子程序入口”与“开始”模块之间的关系类似。如表 5-4 所示：

表 5-4 “子程序出口”与“结束”模块功能对照表

结束	停止一个独立进程的执行
子程序出口	程序控制从子程序交回到主程序

试着新建一个新的子程序 close,用来实现关门的功能。

展开模块组 Loaded programs,在下一级可以找到程序文件名。如果文件还没有保存过,则其文件名为 unnamed1。选中模块组 Loaded programs | unnamed1,在模块窗口中可以找到三个绿色的程序模块标识,如图 5-33 所示。第一个名字“Main program”代表的是主程序的标识,它很少用作子程序。第二个和第三个标识的名字“open”和“close”代表了新的子程序。将新的子程序插入主程序,方法和普通编程模块一样。如果还打开了其他程序文件,用这种方法也可以选择其他程序文件的子程序。

参考程序如图 5-34 所示:

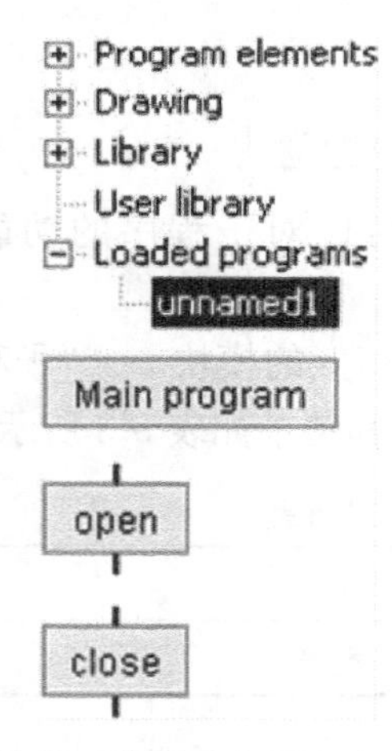

图 5-33 主程序与子程序标识

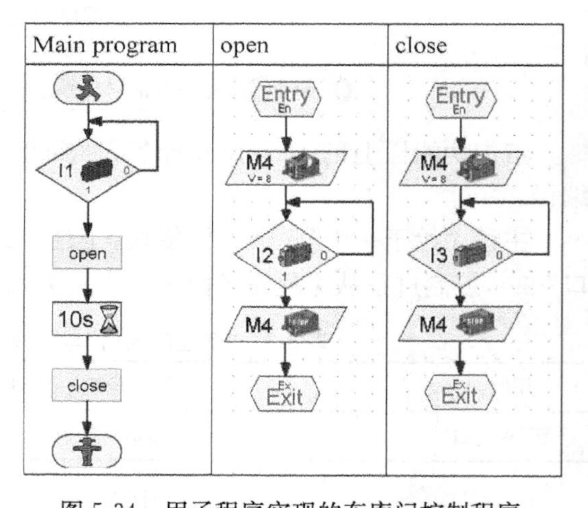

图 5-34 用子程序实现的车库门控制程序

流程解读:开关 I1 按下——主程序调用子程序 open,程序控制转到 open 的子程序入口——子程序将车库门打开,然后到达子程序出口,程序控制返回主程序——主程序等待 10s——程序执行车库关门子程序 close——子程序将门关闭,程序控制从子程序返回主程序——主程序执行“结束”模块,程序停止。

5.7.4 Panel 面板与变量

任务 1:在“Level”菜单中选择“Level 3:Variables”,学习第 3 级的功能模块,掌握面板与“变量”模块的用法。

实现功能：开关 I1 触碰 5 次，绿灯点亮 5s 后自动熄灭。程序运行时，切换至 Panel，面板上同步显示灯点亮之前的按键次数，如图 5-35 所示，按键触碰 2 次后的显示。此功能可以重复演示直至程序停止。提示：面板需要在 Panel 页面下设计后才能使用。

图 5-35　Panel 界面

Panel 是一个自己设计的可以放置显示和控制按钮的页面。如果有多个子程序，确认一下是否是在主程序下创建了这个面板，而不是在一个子程序下。程序中可以创建多个面板。如果在主程序中画了一个面板，后来突然消失了，原因很可能是在程序栏上选择了一个子程序。所以只要切换回主程序，面板就会出现。

首先在功能栏上切换到 Panel。

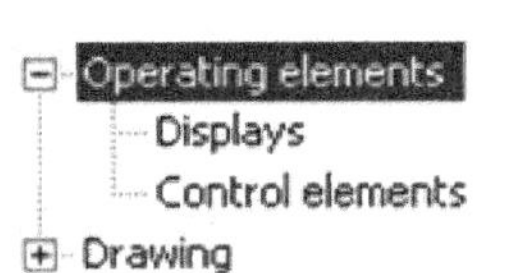

最初 Panel 面板是一块空的灰色的区域。在这块区域上，可以放置显示。在 Displays 下可以找到“文本显示”、“指示灯”、“仪表”等显示模块和控制模块，它们在模块组 Operating elements 中。在子组 Control elements 中可以找到“按钮”、“滑块”等控制模块。

从 Operating elements | Displays 模块窗口选择一个“文本显示”，并定好它在面板中的位置，用于在这里显示按键触碰的次数。右键单击可以输入“文本显示”模块的名称，便于程序关联时识别。实例中使用默认的名称 Text。

切换回 Function，按照图 5-36 编写程序实例。

主程序功能模块详解：

1. 控制流程（按照虚线进程线──►指向）

(1) “开始”模块，程序的执行起始点。

(2) 变量赋值指令“＝”，这里的动作是初始化变量，程序中引入“全局变量”var 来记录按键触碰的次数。程序在这里把 var 的值赋为 0，即令变量等于 0。程序中不同的“全局变量”由不同的名称来区别。

(3) “循环计数”模块，这里设定循环执行的次数 5 次，它有两条出口分支，程序从＝1 端进入，计数器 Z 置为 1，由于判断条件“Z＞5”不成立，先走“N”的分支。

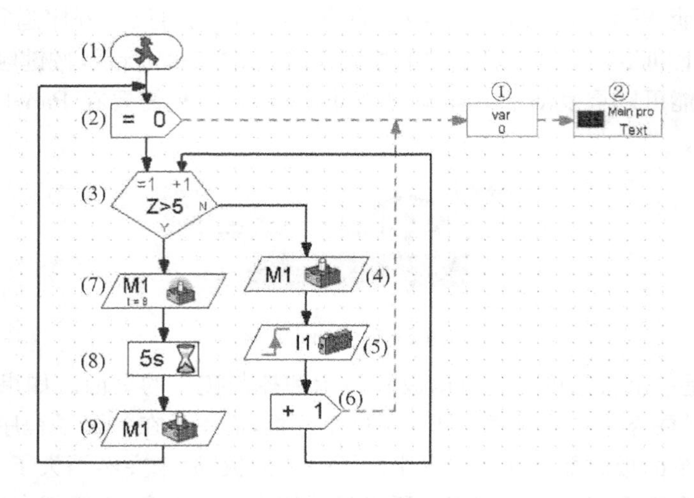

图 5-36　面板与变量的范例程序

(4)“马达输出”模块,控制灯熄灭。

(5)“等待输入”模块,等待开关按键的触碰,上升沿触发后继续执行下面的功能模块。

(6)加指令“+”,每经过这个功能模块一次,变量值会在自身的基础上再增加设定的数值,在本程序中该模块令变量 var 在原来的值上再增加 1 用来记录按键触碰的次数。

程序连回“循环计数”的+1 端,此时 Z 自加 1 后再进行判断。如果循环不足 5 次,此时“Z>5”不成立,重复执行(4)～(6)的过程,并且每次执行后对计数器 Z 加 01,如果已经循环了 5 次,即触碰了 5 次开关,此时满足“Z>5”的条件,走“Y”的分支。

(7)“马达输出”模块,控制灯点亮。

(8)“延时”5s。程序在这里停留 5s 再继续向下执行。

(9)“马达输出”模块,控制灯熄灭。

(7)～(9)实现让灯点亮 5s 的功能,这是在控制灯时经常用到的组合。

最后程序并没有用“结束”模块终止,而是返回开始,进程再重复(2)～(9)的过程,使得程序可以一直循环,重复演示。

2. 数据流程(按照实线数据线⟶指向)

(1)“全局变量”,可以存储数值。这里配合赋值、加指令使用,程序执行到这些指令时,“全局变量”被调用并做相应的改变。

(2)“面板输出”,将值传递给面板上指定的显示模块。当程序开始运行后,它的功能就是令面板显示变量 var 的值。由于 var 是用来记录按键触碰次数的变量，所以显示的就是按键的次数。

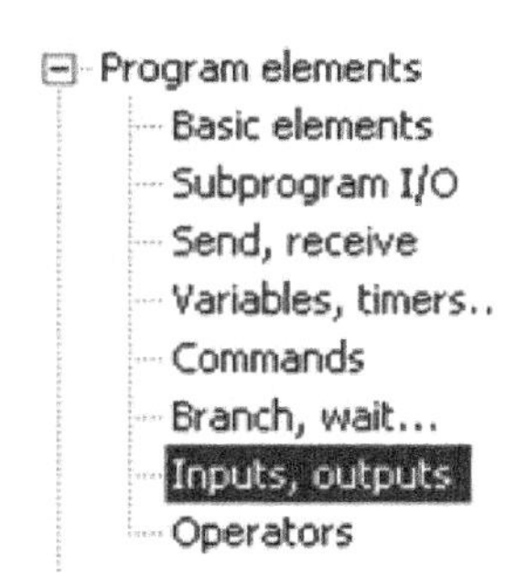

3. 面板与程序的关联

有了一个“文本显示”和一个想在面板中显示的“变量”，接下来需要把这两个关联起来。由于显示和变量属于两个页面，无法连接这两个对象。因此，软件提供了一个特殊的模块“Panel Output(面板输出)”，它专门用于传送显示值到其相应的面板。

该模块在 Program elements | Inputs，outputs 组中的最后一个位置。把一个“面板输出”模块插入到程序中，放在变量 var 的旁边，并将“面板输出”模块和“变量”连接起来。

在复杂的面板中，由于通常有不止一个显示模块，所以需要让“面板输出”知道变量值发送到哪个面板上去。这时可以通过模块的属性窗口设置。用右键单击“面板输出”模块，会看到所有到目前为止插入到面板中的显示模块。找到主程序下标识为 Text 的“文本显示”模块，选中，点击 OK(见图 5-37)。

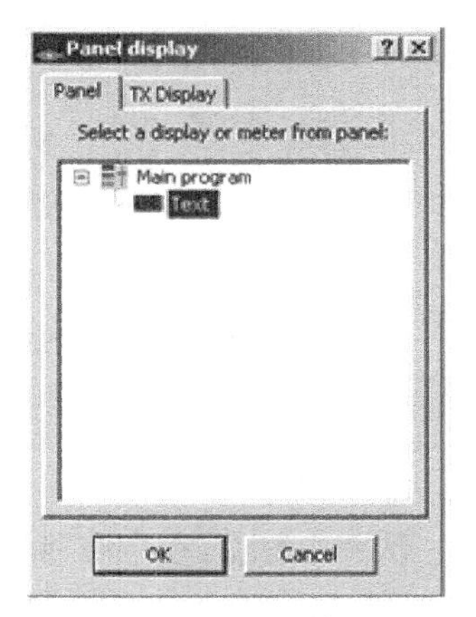

图 5-37　“面板输出”模块的属性窗口

关联后，“面板输出”模块的外观会相应地变化。如实例中的标识表示“面板输出”与主程序中的 Text “文本显示”建立了连接。

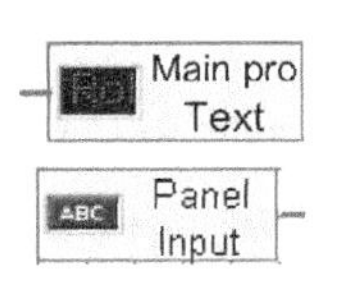

补充说明：如果需要将面板上的按钮连接到程序，可以使用模块“Panel input(面板输入)”，关联和“面板输出”的设置过程类似，关联后，位于面板上的按钮可以在程序中作为输入量使用，“面板输入”模块的标识外观也做相应的改变。

注意：作为一种特殊的输入输出，面板功能需要借用电脑在软件界面中实现，所以如果要用面板上的按钮或者让机器人通过面板“告诉”我们一些它正在执行的工作，需要联机模拟，不能下载脱机运行。

5.7.5　多个进程

任务：熟悉“第 3 级”中的模块，掌握变量、面板和指令的用法，使用多个进程设计程序。

利用以上知识设计一个比较计数器:用触碰开关 I1 和 I2 进行计数,并且只要 I1 次数多于 I2 就打开绿色指示灯。同时记录 I1 触碰的总次数,将其用面板显示出来,并在面板上放置一个可以复位该计数的按钮 0000。

注意:可能触碰 I1 和 I2 正好是同一时间,如果只使用一个进程,这样就容易产生计数错误,可以用几个并行的进程以避免这个错误,即多个程序起始点。编程前先通过属性界面设定最多可执行的进程数量,如图 5-38 所示,确保其大于程序实际使用的进程数量:

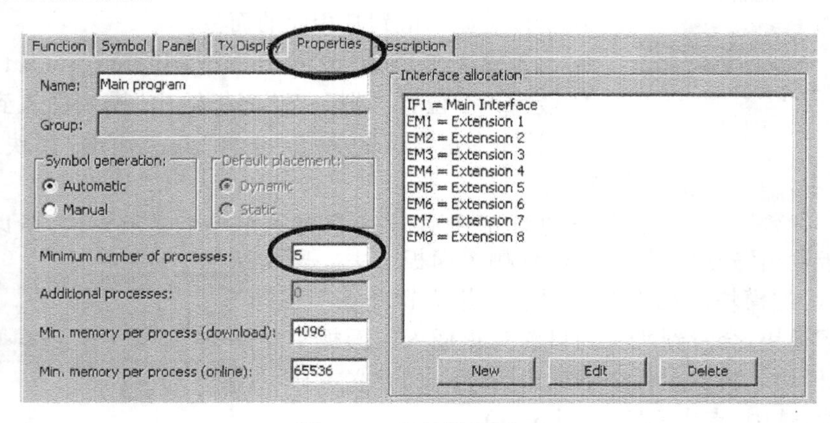

图 5-38 属性设置界面

切换回 Function,按照图 5-39 编写程序实例。

参考程序:

从图中可见,程序有四个进程同时工作:两个独立的进程分别用于监控传感器 I1 和 I2,一个独立的进程用于查询计数器的值和负责指示灯的打开和关闭,另外还有一个用于复位计数器。

若干个进程可以访问同一个变量,即可以从多个进程向变量发送指令而且可以在多个进程中使用这个变量,所以说变量非常适合在进程之间交换信息。

图中使用了四个“开始”模块,当程序运行时,这多条进程同时开始,没有先后的执行顺序,因此编程时需要注意,程序中各个进程间不要出现逻辑矛盾,否则可能导致程序在运行中出错。

5.7.6 计时器

任务:熟悉“第 3 级”中的模块,掌握“子程序指令输入”、“子程序指令输出”和“定时器变量”的用法设计一个带子程序的多定时器模型。

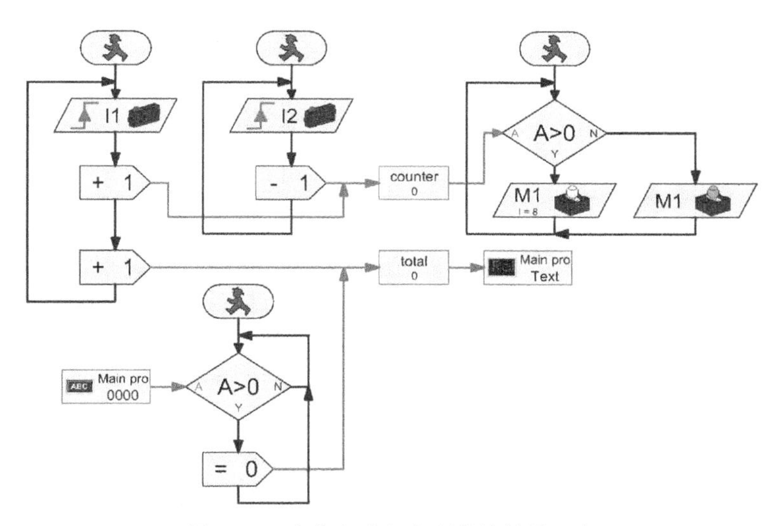

图 5-39　由多个进程实现的计数器程序

编程实现如下的控制过程：

(1) 灯在按键按下去时点亮，松开灯熄灭，但是一次最多点亮 30s，在点亮一次后，至少在再次点亮前休息 15s。

(2) 灯与按键的对应关系如表 5-5 所示：

表 5-5　灯与按键对应关系表

控 制 开 关	灯　状　态
I1	绿灯亮
I2	红灯亮
I3	发光管亮

(3) 使用子程序设计定时器。这样对于雷同的功能，可以尽量减少程序中模块的数量。

参考程序如图 5-40 所示：

设计思路：由于三个开关的作用方式一致，所以主程序由三个进程组成，每一个进程都调用同样的子程序实现定时功能，只需在子程序的指令输入和输出端连接其对应的按键和指示灯。定时器子程序 Time 实现过程如下：按下开关，子程序指令输入端的值由 0 变为 1，则输出指令点亮相应的灯，接着进行 30s 的计时，如果在此期间按键松开或者超过 30s，则输出关闭灯的指令，延时 15s 之后继续等待开关的控制信号。

基础模型中灯和发光管连接在 M1～M3 处，所以尽管图中使用了电机“向右”

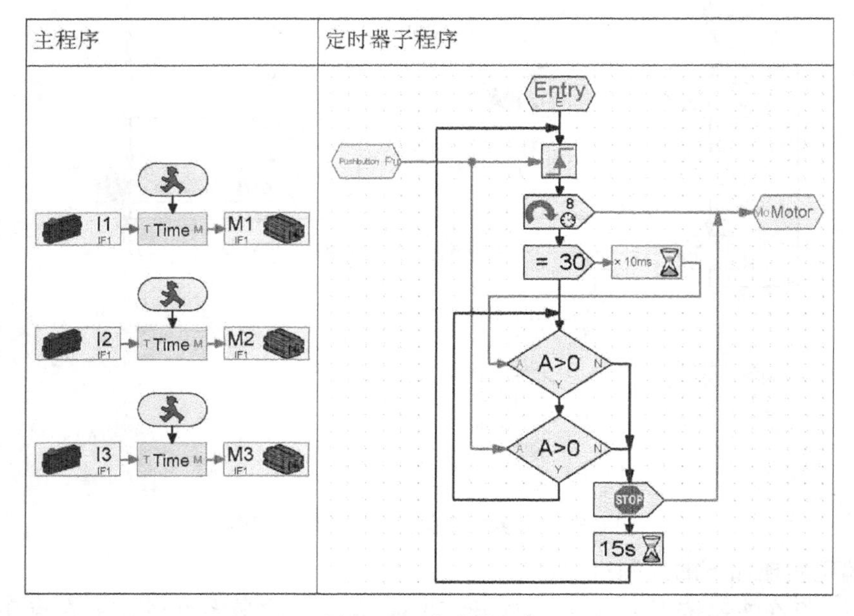

图 5-40 计时器程序

指令但这与使用打开指令来控制灯效果是一样的。此外,当要控制的灯或发光管多于 4 个时,也可以将其一端接在 O1～O8 输出,另一端接地,这样一个 ROBO TX 控制器可以实现最多 8 个灯的独立控制。

5.7.7 运算器的应用

任务:熟悉"第 3 级"中的模块,使用运算器对输入进行计算和判断。

使用六个开关,连接至控制器 I1～I6 端口,设计一个密码锁键盘,初始密码设为 352,只有当按键按照 I3－I5－I2 的顺序按下并且期间没有其他的键按下时,绿灯才会点亮,表示密码正确,通过验证。

参考程序如图 5-41 所示:

程序解读:监测控制器 I1～I6 端口,这些开关一起连接到有 6 路输入的"或"运算器上。只要其中有一个开关按下,"或"运算器产生 1,否则是 0。通过"等待..."模块,程序等待一直到有一个开关按下。接着马上验证它是否是一个正确的开关。如果正确,等待下一个键的输入,如果不是,程序从头开始。

试试看,修改上述程序,使用"面板输入"模块代替开关。在面板上放置 6 个"按钮"模块,标号为 1～6,初始密码为 352,如果三个按钮一个接一个地被正确按下,车库门打开,10s 后车库门关闭,返回初始状态。

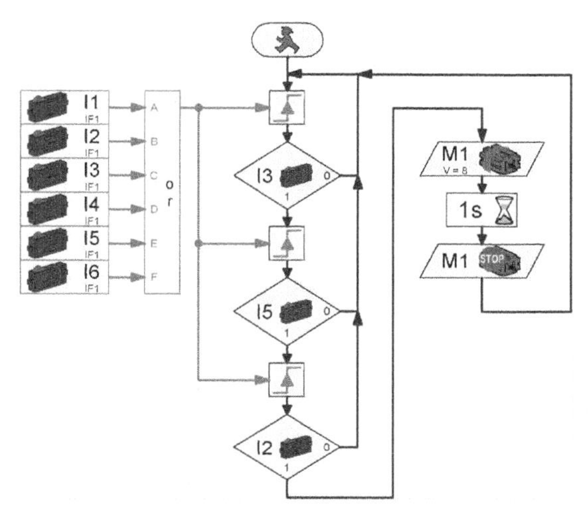

图 5-41 密码判断程序

5.7.8 绘图

任务:熟悉面板模块,了解绘图功能,能根据需要设计界面。

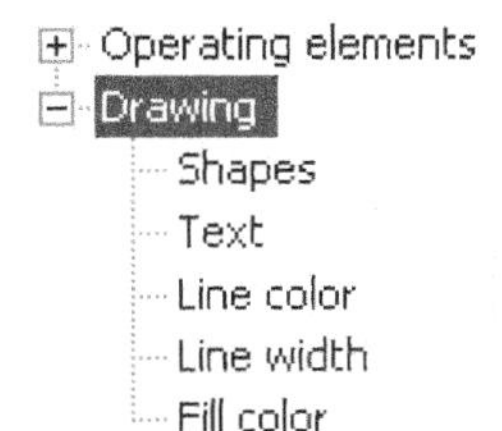

在模块组 Drawing 中有普通的绘图功能。子组"Shapes"包含绘制各种基本几何图形的工具。子组"Text"中可以找到各种尺寸字体的书写工具。其他子组包含改变颜色和线粗细等功能。

以下是在绘图时常用的几个操作:

(1) 绘制图形。比如矩形,先在模块组 Drawing | shapes 中寻找目标图形,选中后,在绘图区域点击两次鼠标键,一次确定矩形左上角位置,另一次确定右下角的位置。

(2) 插入一个新的文本。先在模块组 Drawing | Text 中选择文本的大小,点击绘图区域确定文本插入的位置。初始时只是显示一个明亮的蓝色框架。用键盘输入,内容会直接显示出来,也可以用 Ctrl+V 通过剪贴板插入文本。

(3) 编辑对象。一旦建立了一个对象,可以通过移动蓝色小手柄来进行编辑,也有用来旋转和扭曲对象的手柄,点击鼠标右键可以退出编辑模式。如果要稍后再编辑对象,可以在"Draw"菜单中选择"Edit"功能。

(4) 改变层次。在"Draw"菜单中,通过"Put object in foreground/background"命令可以将选中(标记为红色)的所有对象放到顶层或底层。

(5) 对齐。用"Draw"菜单中的"Raster snap"功能,可以打开或关闭字符矩阵。

编辑程序的时候,字符矩阵是打开的。

图 5-42 的示例是一个在 Panel 中设计的三自由度机器人操作面板。显然用绘图功能,可以使操作和程序图示化,使得它们的功能更清晰。

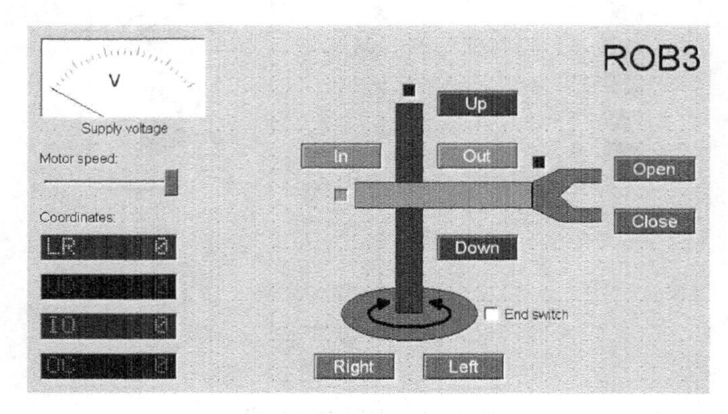

图 5-42 Panel 界面下设计的三自由度机器人操作面板

第 6 章　模块组

功能模块是 ROBO Pro 软件编程的基本单元，本章按照在模块组中出现的顺序，详细介绍 Program elements 和 Operating elements 中的模块，供编程时学习使用。

在程序界面内，鼠标右键单击模块标识，可以打开属性窗口对相应的功能模块进行参数设置，该操作对绝大部分的模块都适用，本章不再赘述该操作，只针对属性窗口的设定进行解释说明。

6.1　编程模块

针对 ROBO 接口板和 ROBO TX 控制器编译环境，编程模块和属性窗口的图示略有不同，文中以 ROBO TX 控制器的编译环境为例进行说明。同一模块不同级别其属性窗口也有差别，由于级别越高其可选项也越丰富，因此本节将结合最高级别中展示的界面来介绍。

6.1.1　基本模块(1～2 级)

该组包含所有第 1 级的编程模块，可以对模型进行一些简单的控制。

1. Start(开始)

该模块是程序进程的起点，如果程序不连接此模块，进程将无法执行。如果一个程序由几个进程组成，则每一个进程都必须有一个“开始”模块。程序运行时，模块会同时启动。

2. End(结束)

如果一个进程结束，最后一个模块的出口应该连到“结束”模块。每一个进程都可以在最后用此模块终结，也可以将多个模块的出口连接到同一个“结束”模块。进程也可以是个没有终止的循环，不含“结束”模块。该模块没有属性窗口。

3. Digital Branch(数字分支)

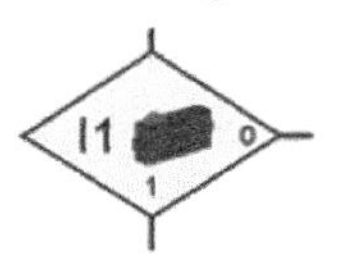

该模块查询数字量输入的状态，根据返回的结果指引程序下一步的走向。比如，数字量输入为开关，常开方式接线，触碰红色按键时，电路连通，返回的值为 1，则程序从“1”出口向下执行。反

之,如果按键弹起,电路断开,则程序走"0"出口。可通过属性窗口作如下设定:

在"Digital input"一栏,选择一组要查询的数字量输入端口。I1~I8 为控制器通用输入端口,C1~C4 为控制器快速计数器端口,M1E~M4E 并不是实际的输入端口,为 ROBO Pro 的四个内部输入,当控制 M1~M4 端口的电机到达模块所设定的位置时置为 1。

在"Interface/Extension"一栏,选择查询的端口位于主控制器还是其他扩展设备。

在"Sensor type"一栏,选择连接到输入端的传感器类型及图示。开关(Push-button switch)是最常用的数字量输入传感器,此外也经常使用光电传感器(Phototransistor)和干簧管(Reed switch)。

通过选择传感器类型,ROBO Pro 会自动为其匹配输入模式,在第 4、5 级中,通过"Input mode"一栏,也可以独立设定数字量传感器是电压输入还是电阻输入。开关、光电传感器和干簧管都是 5kOhm 模式。

在"Swap 1/0 branches"一栏,可以交换分支中"1"和"0"出口的位置。一般情况下,"1"出口在下方,"0"出口在右边。但有时候将"1"出口放到右边更适合进程连线,选中"Swap 1/0 branches",在 OK 确认关闭对话框时,这两个出口将会互换。

4. Analog Branch(模拟分支)

用此模块可以查询模拟量输入的状态,将返回的输入值和固定值进行比较,根据比较的结论是否成立,来确定分支走"Y"或者"N"出口。可通过属性窗口作如下设定:

在"Analog input"一栏,选择一组要查询的控制器输入端口。

在"Interface/Extension"一栏,选择查询的端口位于主控制器还是其他扩展设备。

在"Sensor type"一栏,选择连接到输入端的传感器类型。温度传感器(NTC resistor)和光电传感器(Phototransistor)是最常用的模拟量输入传感器。

通过选择传感器类型,ROBO Pro 会自动为其匹配输入模式,在第 4、5 级,通过"Input mode"一栏,也可以独立设定模拟量传感器是电压输入、电阻输入或者是超声波。温度传感器和光电传感器都是 5kOhm 模式。颜色传感器是 10V 模式,超声波传感器是 Ultrasonic 模式。

在"Condition"一栏,选择一个比较算式,比如小于(<)或者大于(>),并输入比较值。温度传感器和光电传感器等电阻输入的模拟量会返回一个 5 000 以内的值,所以比较值应该在 0 和 5 000 之间。

在"Swap Y/N branches"一栏,可以交换分支中"Y"和"N"出口的位置。一般情况下,"Y"出口在下方,"N"出口在右边。但有时候将"Y"出口放到右边更适合进程连线，此时选中“Swap Y/N branches”，在 OK 确认关闭对话框时，这两个出口将会互换。

5. Time delay(延时)

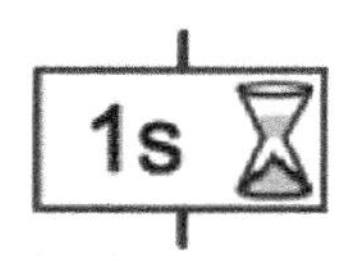

用该模块可以使进程向下执行时延迟一段所设定的时间。

在属性窗口的“Time”一栏，输入延迟量，并通过“Time unit”设定计时单位为秒、分钟或者小时。延时时间范围可以从 1ms 到 500h。然而，延迟的时间越长，精度越低，即误差越大。

表 6-1 显示了各个时间段延时的精度。

表 6-1　延时精度

延　　迟	精　　度
至 30s	1/1 000s
至 5min	1/100s
至 50min	1/10s
至 8. 3h	1s
至 83h	10s
至 500h	1min

6. Motor output(马达输出)

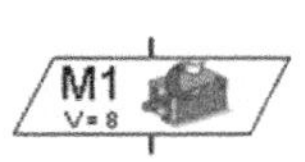

该模块可以改变控制器 M1～M4 端口中某一组两极输出的状态。如，控制电机的转向和速度。可通过属性窗口作如下设定：

在“Motor output”一栏，从 M1～M4 中选择一组输出端。

在“Interface/Extension”一栏，选择该端口位于主控制器还是其他扩展设备。

在“Image”一栏，选择连接到输出的慧鱼器件的图示。最常用的是电机(Motor)和灯(Lamp)，此外也用电磁铁(Electromagnet)。

在“Action”一栏，设置输出该如何动作。对于电机，可以设置左转(ccw)、右转(cw)或者停止。如果在输出端口上接了一个灯，可以打开或者关闭它。

在“Speed”一栏，在 1～8 之间指定一个速度或者亮度。8 是最大速度、亮度或者磁场强度，1 最小。在停止或者关闭的情况下，不需要指定速度。

一些动作和模块标识如图 6-1 所示：

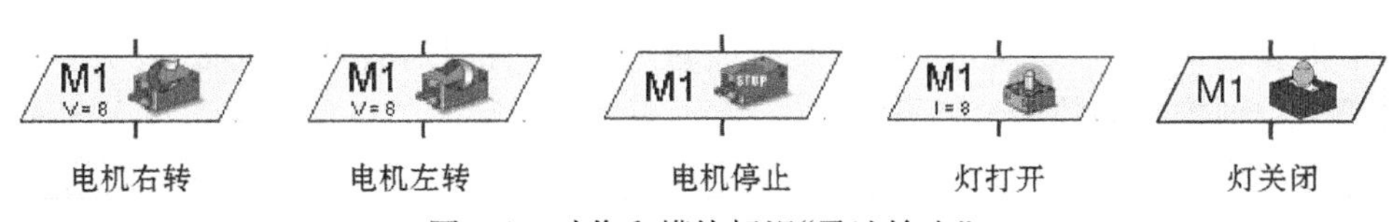

图 6-1　动作和模块标识“马达输出”

7. Encoder Motor(编码电机)

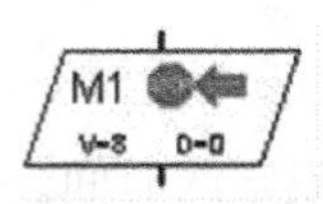

该模块设定条件后可以根据内置编码器脉冲计数改变控制器 M1～M4 端口中 1～2 个两极输出的状态,常用来驱动电机转动至指定的位置。可通过属性窗口作如下设定:

在"Motor output 1"一栏,选择一组要控制的输出端口。

在"Motor output 2"一栏,选择与马达输出 1 关联的另一组输出端口。

在"Interface/Extension"一栏,选择输出端口位于主控制器还是其他扩展设备。

在"Action"一栏,设置输出该如何动作。可以设置距离定位、速度同步、距离同步和停止四种模式。其中,距离定位(Distance)只控制马达输出 1。

在"Direction 1"一栏,设定马达输出 1 转向。

在"Direction 2"一栏,设定马达输出 2 转向。

在"Speed"一栏,可在 1～8 之间指定一个速度。8 是最大速度,1 最小。在同步(Synchronous)中两路马达输出使用相同的速度值。

在"Distance"一栏,输入编码器的脉冲计数,电机按照设定的方向各自转动,当达到设定值时,停止电机。

一些动作和模块标识如图 6-2 所示:

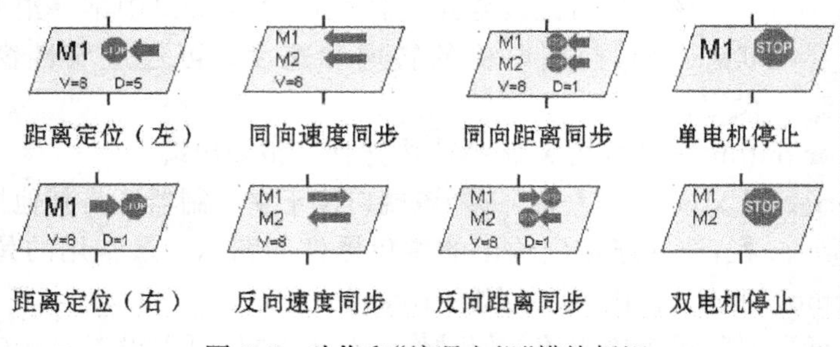

图 6-2　动作和"编码电机"模块标识

8. Lamp output(灯输出)

用该模块可以打开或关闭控制器 O1～O8 端的任一个单极输出。控制器的输出端口有两种控制方式:用"马达输出"模块时成对使用,由"灯输出"模块时单个使用。"灯输出"只占用输出的一个接线端,因此可以独立控制 8 个灯或者电磁阀,此时需将灯或电磁阀的另一个接线端接到控制器的接地插孔(⊥)。

有时电机只朝一个方向运行,比如输送带电机。这种情况下,如果用"灯输出"控制电机,就可以少占一条线路。

如果只需要连接四组灯，也可以用"马达输出"。这样更实用，因为这样可以将灯的两个接线端直接接到控制器的输出，而不是必须将所有负极都连到接地插孔。可通过属性窗口作如下设定：

在"Lamp output"一栏，选择 O1～O8 中的一个作为要控制的输出。

在"Interface/Extension"一栏，选择输出端位于主控制器还是其他扩展设备。

在"Image"一栏，选择连接到输出的慧鱼器件及图示。

在"Action"一栏，设置使输出如何动作，可以打开或者关闭灯。

在"Intensity"一栏，指定 1～8 之间的一个亮度。8 对应的亮度最大，1 最小。在灯关闭的情况下，不需要指定。

灯的各种动作的标识如图 6-3 所示：

图 6-3　灯模块标识

9. Wait for input（等待输入）

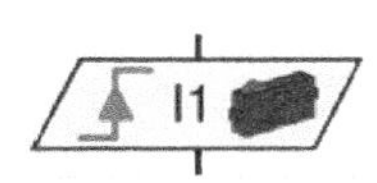

程序将在该模块处停留等待，直到指定的数字量输入呈现特定状态或者按某一特定方式改变，方可向下继续执行。可通过属性窗口作如下设定：

在"Wait for"一栏，选择信号变化的类型或者所等待的信号状态。如果选择 1 或者 0，模块一直等待，直到输入信号闭合(1)或者打开(0)。如果选择 0→1，模块一直等待，直到输入信号上升沿变化(即从 0 变为 1)，如果选择 1→0，模块一直等待，直到输入信号下降沿变化(即从 1 变回 0)。最后一种情况是，模块一直等待，直到输入信号状态变化。而不管是从打开到闭合，还是从闭合到打开。可通过属性窗口作如下设定：

在"Digital input"一栏，选择读取控制器中哪一组输入信号。

在"Interface/Extension"一栏，选择所需的是主控制器还是其他扩展设备的输入。

在"Sensor type"一栏，选择连接到输入端的传感器图示。开关是最常用的数字量输入形式，此外，也经常用光电传感器和干簧管。

通过选择传感器类型，ROBO Pro 会自动为其匹配输入模式，在第 4、5 级，通过"Input mode"一栏，可以独立设定是电压输入或是电阻输入。

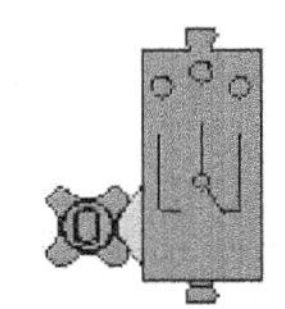

10. Pulse counter（脉冲计数器）

程序在该模块处停留，同时对指定输入端的脉冲进行计数，如

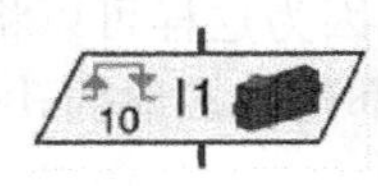

果脉冲计数达不到自定义的次数,程序不能向下继续执行。许多的慧鱼模型都用到了脉冲齿轮。这种齿轮每转一圈按下开关四次。使用这种方式,可以控制电机转动定义的圈数,而不是一段给定的时间,从而使动作更加精确。可通过属性窗口作如下设定:

在"Number of pulses"一栏,设定等待的跳变次数。

在"Pulse type"一栏,选择所要计数的脉冲类型。如果选择 0→1(上升沿),模块对输入的状态从打开变为闭合计数。如果选择 1→0(下降沿),模块对输入的状态从闭合变为打开计数。而对于脉冲齿轮,第三种可能性更常用:模块对 0→1 和 1→0 的跳变都进行计数,这样,脉冲齿轮每转一圈可计得 8 个脉冲。

在"Digital input"一栏,选择读取控制器中哪一组输入信号。I1～I8 为控制器的通用输入端口,C1D～C4D 为计数器输入,最大计数频率是 100Hz。

在"Interface/Extension"一栏,选择所需的是主控制器还是其他扩展设备的输入。

在"Sensor type"一栏,选择连接到输入端的传感器图示。最常用的是开关。

通过选择传感器类型,ROBO Pro 会自动为其匹配输入模式,在第 4、5 级,通过"Input mode"一栏,可以单独设定是电压输入或是电阻输入。

11. Counter loop(循环计数)

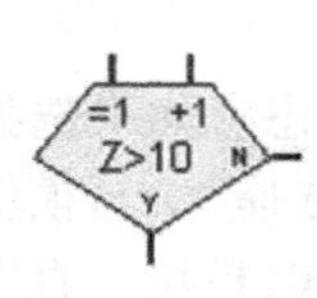

用该模块可以很方便地让程序的某一部分多次执行。该模块有一个内置计数器。如果程序从=1 进入,计数器则置为 1;如果从+1 进入,则计数器加 1。根据计数器的值是否大于预设的值,选择"Y"或者"N"为出口。

在属性窗口"Loop count"一栏,输入在"Y"出口激活之前,从"N"出口执行的次数。输入值必须为正。

如果选中"Swap Y/N branches",在 OK 确认关闭窗口时,交换模块 Y 和 N 出口的位置。

6.1.2　子程序 I/O(2～3 级)

在这个模块组中只有子程序所需要的编程模块。

1. Subprogram entry(子程序入口)

该模块是子程序入口。主程序或者上一层子程序通过这些入口将控制转入子程序,一个子程序可以有一个或多个子程序入口。在子程序中每插入一个"子程序入口"模块,其标识的上方会增加一个入口的连线端。通过属性窗口可以给入口取个名字,此名字会显示在标识中。

2. Subprogram exit(子程序出口)

该模块是子程序出口。子程序通过这些出口将控制返回主程序或者上一层子程序,一个子程序可以有一个或多个子程序出口。在子程序中每插入一个"子程序出口"模块,其标识的下方会增加一个出口的连线端。通过属性窗口可以给出口取个名字,此名字也会显示在标识中。

3. Subprogram command input(子程序指令输入)

该模块是子程序的数据输入接口,通过它子程序可以处理随指令传递进来的数据,如连接到主程序或者上一层子程序的"变量"、"数字量输入"、"模拟量输入"等模块,在子程序中每插入一个"子程序指令输入"模块,其标识的左边会增加一个输入的连线端。

在属性窗口"Name"栏给指令输入取个名字,此名字会显示在标识中。

在"Connection"一栏,选择何时传递数据。通常是只有当运行子程序时输入。

在"Data type"一栏,设定模块处理的数据类型为整数型还是浮点型。如果是处理传感器返回的值要选择整数型(Integer－32 767…32 767),如果处理小数,要选择浮点型(Floating point 48bit)。

在"Passing mechanism"一栏,选择输入是只接受"＝"指令还是任意指令的访问。通常选择前者,这样当子程序启动时,能自动重复最近的"＝"指令以确认数据,避免调取了错误的数值。

4. Subprogram command output(子程序指令输出)

该模块是子程序的数据输出接口通过它子程序可以送出指令和数据。例如"向左"、"向右"、"停止"等各种指令可以传送到主程序或者上一层子程序中的"马达输出端口"等输出模块。在子程序中每插入一个"子程序指令输出"模块,其标识的右边会增加一个输出的连线端。

在属性窗口"Name"栏给指令输出取个名字,此名字会显示在标识中。

在"Connection"一栏,选择数据何时传递。通常是只有当运行子程序时才输出。

在"Data type"一栏,设定送出的数据类型为整数还是浮点数。

6.1.3　发送,接收(2～4 级)

这组中的编程模块用于处理多个控制器之间无线通讯的信号。如果只是给单个控制器编写程序,可以跳过本小节的学习。

1. Sender(发射)

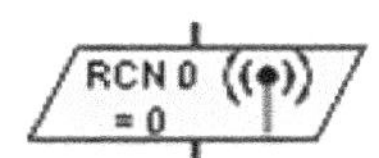

该模块通过蓝牙或无线发送出一个指令或信息。用这种方式,机器人之间可以互相交流。可通过属性窗口作如下

设定：

在“Send command”一栏，设定发送的指令。可以输入指令和附带的数值。选中“Data input for command value”，数值也可从模块标识左边的数据输入端读取。指令名称可以不从列表中选择，但对于自定义的指令只识别名称的前3个字母或数字，不区分大、小写和特殊字符。例如，xy！和 xy？是一样的，xy1 和 xy2 是不同的信息。

在“Destination interface/element”一栏，选择指令发送给哪些接口板或编程模块。可以发送至某一特定编号的控制器、指定组内的接收模块或所有控制器。在第4、5级中，可以使用组号 10～255 作为接收的地址，从而给一个组中的接收功能模块发送信息。组号 0～9 系统保留，其中组号 0～8 对应控制器的专线号码 0～8，组号 9 对应发送给所有控制器。

在第4、5级，通过“optimization”一栏，可以调整是否应该多次发送相同的指令。通常默认选中“Delete if identical to the last buffered command”，即如果与最近的指令相同则删除该指令。

2. Receiver (Branch when command is received)(接收指令分支)

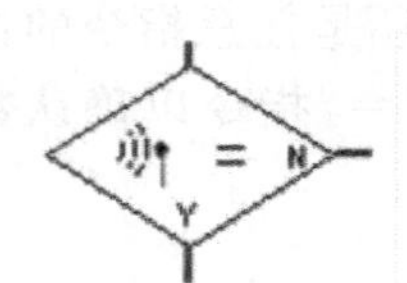

该模块与前面的“发射”模块相对应，根据发送的指令是收到或没有，来判定程序走“Y”或者“N”出口。可通过属性窗口作如下设定：

在“Receive command”一栏，输入接收器要接收的指令。与“发射”模块一样，对于自定义的指令只识别前3个字母或数字。然后选择接收哪些指令：直接发送给本控制器的、通过组号指定的或者是发送给所有控制器的，可以选择多项。在第4、5级中，“发射”模块可以使用组号来发送信息，被该组内的所有“接收”模块。组号 10～255 可以任意使用，发送信息时，发送到组 1～8 等同于 RCN1～8。但接收时，因为每个控制器都知道它自己的 RCN。也就是说组号已确定，所以一般不为“接收”再指定 1～8 的组号，而且组号小于 10 的接收功能只有在第5级中可以设定。

在“Buffer storage type”一栏，选择接收指令的存储区类型。如果选择全局，当子程序并未执行时，该模块仍可以接收指令。

在“Swap Y/N branches”一栏，可以交换分支中“Y”和“N”出口的位置。一般情况下，“Y”出口在下方，“N”出口在右边。但有时候将“Y”出口放到右边会更有利于连线，选中“Swap Y/N branches”，在 OK 确认关闭对话框时，这两个出口位置将会互换。

3. Receiver(接收数据)

“接收指令分支”模块定为 2 级，因为它只能接收指令，而没有指令值。这里的 3 级“接收数据”模块可以接收任意指令的值。“指令等待”等功能模块可直接连接到“接收数据”的输出端，处理接收到的指令值。可通过属性窗口作如下设定：

在“Receive commands”一栏，选择接收哪些指令：直接发送给本控制器的、通过组织指定的或者是发送给所有控制器的，但是这里只能选择 1 项，可以连接多个“接收数据”模块来扩充不同的选择。同“发射”和“接收指令分支”一样，从 4 级开始，可以选择一个组。

4. Wait for command(等待指令)

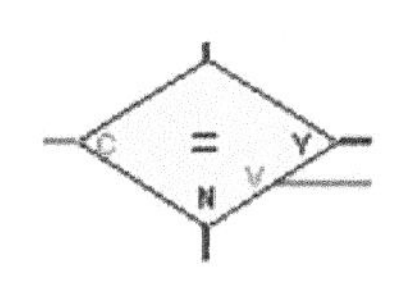

与“接收指令分支”模块类似，该模块根据指令接收与否判断程序下一步的走向。如果在左边连一个“接收数据”模块，就是一个“接收指令分支”的效果。此外，模块右侧还有一个数据输出端 V。当指令被接收，程序在走“Y”出口的同时可通过输出端 V 传送指令值出来。可通过属性窗口作如下设定：

在“Command”一栏，选择功能模块应该等待的指令。也可以输入自己的指令，同样的只识别前 3 个字母或数字。

因为“等待指令”模块还必须记下每个指令的指令值，所以在“Command buffer size”一栏，需限定最大的指令数量。该功能只在第 5 级中开放。通常默认值为 4，应该是完全足够的，因为程序大多是收到命令就尽可能立即处理了。

在“Swap Y/N branches”一栏，可以交换分支中“Y”和“N”出口的位置。

5. Command Filter(指令过滤)

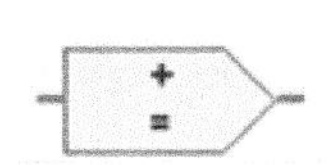

用“指令过滤”模块，可以重新标记指令名称。例如，将控制车辆“右转”、“左转”、“前进”和“后退”等命令，转换为控制车轮电机的“＝”指令。可通过属性窗口作如下设定：

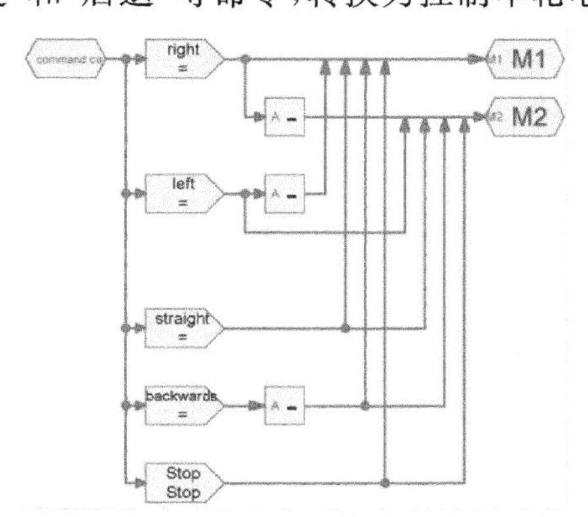

通过下拉菜单进行指令选择，该模块在接收到“Command in”中的指令后，将转换成“Command out”中的指令并发送到输出端。也可以输入自己的指令名，但只识别前 3 个字母或数字。

在“Data type”一栏，选择在转换指令名称时，指令值是整数或是浮点数。

6. Exchange Message(替换信息)

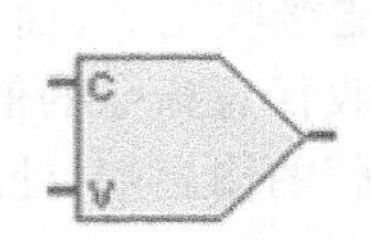

类似“指令过滤”,通过该模块可以替换指令附带的数值。结合“指令过滤”,可以将一条命令转换成几种携带不同数值的指令。例如,想编写一个控制车辆的程序,让它明白“左转(left)”的命令,可以先使用“指令过滤”将“left”转换为“=”指令发送给一个车轮电机,再用“替换信息”模块将“=”指令中的值替换为0或负值发送给另一个车轮的电机。被替换的指令值连接到输入端口C,新的值连接到输入端口V。可通过属性窗口作如下设定:

在“Input variable life time”一栏,选择从端口V输入的值存储为局部或是全局变量。

在“Data type”一栏,选择在替换指令值时,数据是整数或是浮点数。

6.1.4 变量,列表...(3级)

这一组的编程模块能够储存一个或多个数值,可以用来开发带数据存储的程序。

1. Global variable(全局变量)

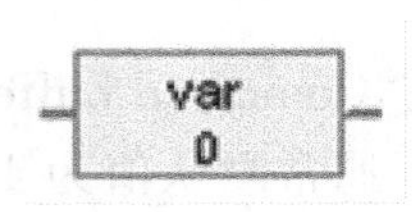

通过该模块可以存储一个−32 767~32 767之间的整数或者一个48位的浮点数,程序运行时,这个数值能随指令而改变,所以被称作变量。通常通过连接一个“=”模块到其输入端来设定变量的值,也可以在属性窗口中为变量赋予一个初始值。可通过属性窗口作如下设定:

在“Name”一栏,输入变量名。同一个程序文件中所有的同名全局变量都是一样的,即使它们出现在不同的子程序中,也有相同的值。当通过指令改变了一个变量,所有其他的同名变量也被改变。

在“Initial value”一栏,输入变量的初始值。变量保持这个值,直到被“=”、“+”、“−”指令改变。例如变量接到了一个指令“+5”,就将5加到了当前值上。对于“−”指令,就由当前值减去指令传送的值。

表6-2是“变量”模块可以处理的所有指令:

表6-2 指令对变量的作用

指令	值	作　用
=	−32 767~32 767	将变量值设置为通过指令传递的值
+	−32 767~32 767	将变量的当前值加上通过指令传递的值
−	−32 767~32 767	将变量的当前值减去通过指令传递的值

每次变量值改变，它会传送一个带新值的“＝”指令到所有与“变量”的输出端相连的模块。如果要监控变量的值，可以连接一个“面板输出”模块到它的输出端。

在“Data type”一栏，设定变量的数据类型为整数型或者48位浮点型。

在“Life time”一栏，设置变量的有效范围，Global为全局，Local为局部。这里的选择只在子程序中有差别，对于主程序它们的作用是一样的。

2. Local variable(局部变量)

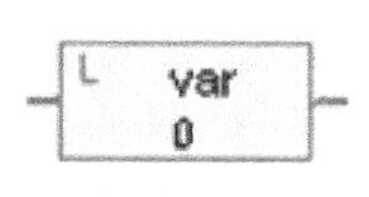

该模块和“全局变量”几乎相同，只有一点区别：它只在被定义的子程序中有效。即使在不同的子程序中两个局部变量同名，它们也是截然不同的独立的两个变量，也就是说每个子程序都有一套独立的局部变量，局部变量只在定义它们的子程序中发生作用，所以在每次启动相关的子程序之时，局部变量才被赋予初始值。

局部变量与全局变量使用相同的属性窗口，此时在“Life time”一栏，选择Local。

3. Constant(常量)

和“变量”一样，“常量”也有一个值，但是它的值是固定的，不能通过程序改变，所以被称作常量。如果某个子程序中总是使用一个不变的值，可以将这个值设置为常量，连接至子程序标识的数据输入端，便于多次调用。常量在运算器计算中也是非常实用的。可通过属性窗口作如下设定：

在“Data type”一栏，设定常量为整数还是浮点数。

在“Value”一栏，输入一个常数值。

4. Timer variable(定时器变量)

该模块用于计时，每经过一个时间节拍，存储的变量数值减少1，直到值为零。如果定时器里的值是负的，其值会在下一个时间节拍回到零。

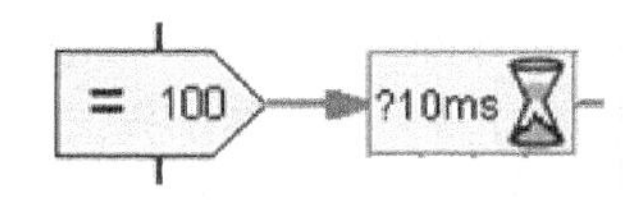

模块向下计时的速度可以在属性窗口中设定，节拍在1ms到1min之间。计时精度取决于时间节拍的设置。向下计时的节拍数通常由“＝”指令分配给定时器。如右图的例子表示要向下计时100个10ms的节拍。这对应100×10ms＝1 000ms即1s的时间，其精确度为10ms。

定时器变量可以很方便地解决延时和时间测量问题。比如，让一个机器人搜索20s，可以在开始时设置一个20×1s或者200×0.1s的定时器变量，然后在搜索过程中查询定时器的值是否大于零。如果大于零的某个时刻搜索成功，可以立即结束计时，将定时器复位为其初始值，准备下一场搜索。如果为零说明20s计时已到，本次搜索没有收获。

如果要测量一个时间值,可以开始时将定时器变量设置为尽可能大的正值,如32 767,这样在定时器归零前还剩下很多时间。将初始值减去当前定时器的值,即可知道已经过了多少时间。

可通过属性窗口作如下设定:

在“Delay”一栏,确定定时器变量的初始值。通常可以在这里输入0,并在适当的时刻用“=”指令来给定时器变量设定一个值。如果定时器是在程序或者子程序开始的时候就投入运行,那么可以直接在这里输入相应的值。

在“Time unit”一栏,设定定时器变量在向下计时的时候,所用的时间节拍的单位。

在“Timer variable type”一栏,设定定时器变量为全局还是局部变量。

5. List(序列)

序列模块相当于一个变量组,其存储不止一个而是多个数值。序列中存储的数值称为元素(element),最大个数可以在其属性窗口中设定。

可以在序列的末尾添加或者移除元素,可以读取序列中的任意一个元素,也可以将序列中任意位置的元素和第一个元素交换。虽然在序列的中间或者开头无法直接插入一个元素,但是可以写一个子程序来实现这些功能。

下列指令可以通过数据输入端S作用于序列:

表 6-3 指令对序列的作用

指令	数 值	作 用
添加	−32 767～32 767	添加指令可以将与指令一起传递的数值加到序列的末尾。整个序列就多了一个元素。如果序列已经达到了最大的数量,则忽略此指令
删除	0～32 767	从序列末尾开始删除已有的元素。与指令一起传递的数值是所要删除的元素个数。如果此数值大于序列的元素总数,则所有的元素会被删除。如果数值为0或者为负,则忽略此指令
交换	0～32 767	将已有的元素和序列的第一个元素交换。与指令一起传递的数值是所要交换的元素的位置编号

例如,将温度传感器和光电传感器的值添加到序列中,采用这种方式可以每隔一段时间进行一次采样,然后对序列中的元素进行分析,得到温度和光线变化的趋

势，如图 6-4 所示。

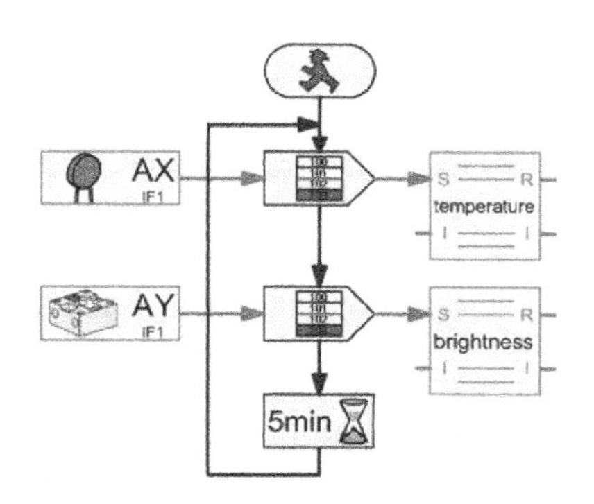

图 6-4 温度和光照采样程序

为方便查询，序列中每个元素都有一个相应的位置编号，第一个元素的编号为 0。如果需要查询序列中某一元素的值，需要先通过索引输入端 I 选定其位置编号，从数据输出端 R 送出查询结果，如果输入端 I 或者由输入端 I 选择的元素的值改变了，序列会将刷新后的值重新传递到所有与输出端 R 连接的模块。

通过索引输出端 I，可以查询输入端 I 定义的索引是否有效。如果 N 是元素的个数，输入端 I 出现 $0 \sim N-1$ 之间的数值时，检索是有效的，此时输出端 I 传递一个值为 N 的“=”指令到所有已连接的模块，否则传递 0。

可通过属性窗口作如下设定：

在“Name”一栏，给序列取个名字。

在“Maximum size”一栏，输入序列中元素的最大个数，即序列的长度。使用“Append”指令可以在该范围内给序列添加元素。

在“Initial size”一栏，输入开始时用以初始化序列的元素数量。

在“Initial value list”一栏，输入预分配到序列的初始值。可以用右边的按钮对初始序列进行编辑。

在“Load from . CSV file”一栏，选择一个 Excel 兼容的. CSV 文件，序列可以从此文件中提取数值。数值直接加载并且显示在 Initial value list 下。当开始执行程序或者执行下载操作时，ROBO Pro 会多次试图从文件加载当前值。如果不成功，则只用存储在 Initial value list 下的数值。

在“Save to . CSV file”一栏，指定一个文件，用来在程序结束后存储序列的内容。这项功能只对联机模式和静态序列有效。序列的元素将依次以列的形式写入所选择的文件。

在“Column separator”一栏，选择序列的元素是否应该用逗号或者分号分开。如，在德国经常用分号做列分隔符。如果将一个 ROBO Pro 的 CSV 文件输出到

Microsoft Excel 有问题,可以试一下另外的分隔符。

在“List data type”一栏,选择序列中元素的数值为整数还是浮点数。

在“List data life time”一栏,设置序列中元素的类型。对于大序列(超过 100 个元素)建议设置为全局变量,因为全局变量比局部变量有更多的存储区可用。

6.1.5 指令(3 级)

这一组的编程模块都是指令模块,或者也可以称作信息模块。模块执行的时候,传递一条指令或者信息连接到它右边输出端的模块。不同指令对所连接的模块有不同的作用,比如向左、向右或者停止等。

除了“Text”指令,其他模块使用同样的属性窗口,在这里甚至可以使当前指令改变成为另一个指令模块。

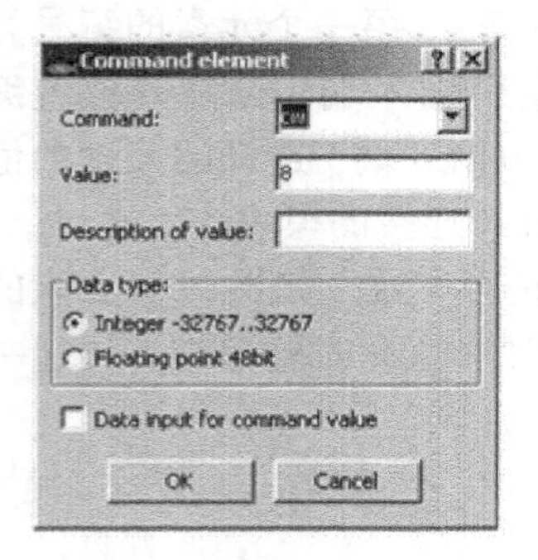

图 6-5　指令模块属性窗口

如图 6-5 所示,在“Command”一栏中,通过下拉列表选择想要的指令。

在“Value”一栏中,输入随指令附带的数值。大多数指令都附带着一个值,如果没有附带值,这一栏为空。比如“Right”指令附带的值,是指定一个在 1～8 之间的速度。“Stop”指令没有附加值。

在“Description of value”一栏中,输入一个简短的文本,显示在有附带值的指令模块中。但是这一部分只是作为显示内容,没有其他的作用。

在“Data type”一栏,设定随指令传递的值为整数还是浮点数。

在“Data input for command value”一栏中,设定指令模块的数值从何而来。对于所有的指令模块,数值可以输入在“Value”栏内,也可以从指令模块左边的数据输入端读取。选中该功能后,指令模块的标识外观会相应变化且左边增加一个数据输入端口。

1. ＝(Assignment 赋值)

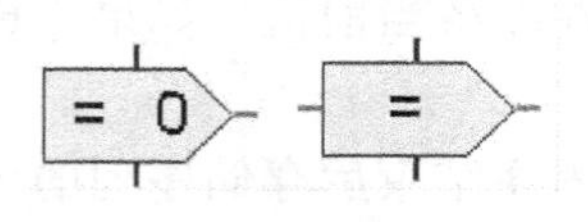

指令“＝”用于将一个数值分配给接收者,也称赋值。该模块经常用来给“变量”、“定时器变量”、“序列”或者“面板输出”模块赋值。

“赋值”不是唯一能分配数值的模块,当数据改变时,所有带数据输出端的模块都能分配数值。例如,一个“数字量输入”模块,当指定的传感器闭合时能传递一个“＝1”指令,而在传感器打开的时候传递一个“＝0”指令,但是没有额外使用“赋值”模块,所以可以理解为这些功能模块都有一个内置的“＝”指令。

所有功能模块的数据输入端都可以处理“＝”指令。这使得“＝”指令成为 ROBO Pro 中使用最频繁的指令。

2. ＋(Plus 加)

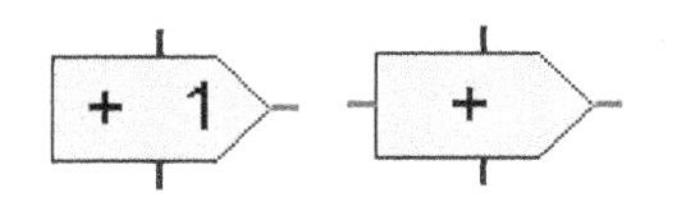

指令“＋”用于改变变量或者定时器变量的值。指令“＋”可以附带任何一个想要的值，并加到变量上。因为指令附带的值可以为负，所以也可以用此指令来减少变量的值。

3. －(Minus 减)

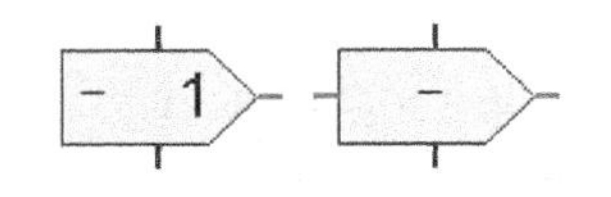

指令“－”和上述的指令“＋”比较相似。区别在于会从变量的值里面减去指令所附带的值。同样的因为指令所附带的值可以为负，所以用该指令也可以增加变量的值。

4. Right(向右)

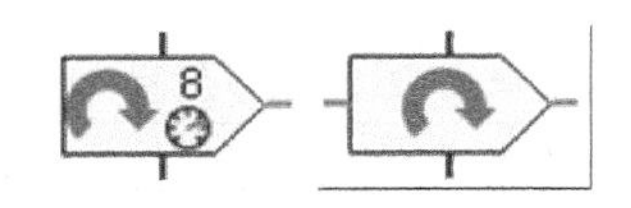

该模块传递指令到“马达输出端口”模块来控制电机正转。指令附带的值为速度，从 1～8。

5. Left(向左)

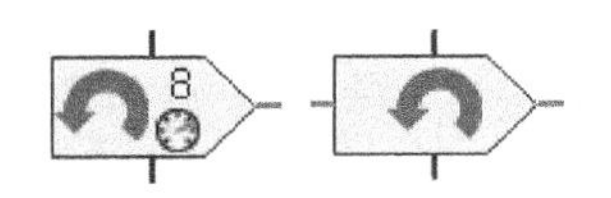

该模块传递指令到“马达输出端口”模块来控制电机反转。指令附带的值为速度，从 1～8。

6. Stop(停止)

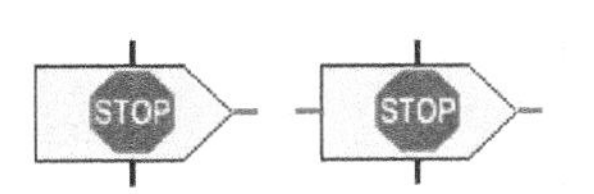

该模块传递指令到“马达输出端口”模块来停止电机转动。没有值随该指令传递。

7. On(打开)

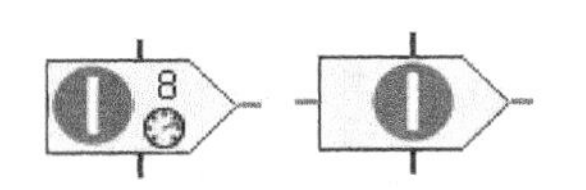

该模块传递指令到“灯输出端口”模块来将灯打开。也可以传递指令到“马达输出端口”模块，相当于“向右”模块。显然，对于“马达输出端口”用“向右”更好一些，因为可以直接辨识电机旋转的方向。指令附带的值为亮度，从 1～8。

8. Off(关闭)

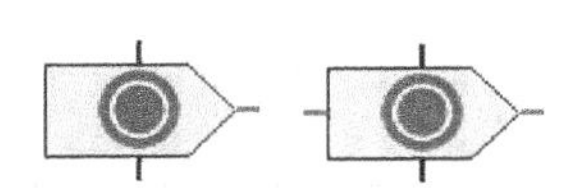

该模块传递指令到“灯输出端口”模块来将灯关闭。也可以传递指令到“马达输出端口”模块，相当于“停止”模块。没有值随该指令传递。

9. Text(文本)

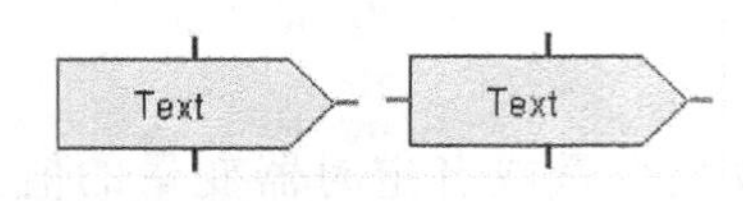

这是一条特殊的指令,因为它传递给所连接模块的信息不是一条带数值的指令而是一个文本。只有一个功能模块可以处理该指令,即操作模块组中的“文本显示”。

可通过属性窗口作如下设定:

在“Text”一栏,输入要显示的一段文字,在这里暂不支持中文显示。

如果选中“Use data input”,则和其他的指令模块一样,该模块也可以带一个数据输入端。这种情况下,可以在“文本”中引入来自数据输入端的数值。此时,在“Text”模块中可以使用以下的控制字符,来达到特殊显示效果。(见表 6-4)

表 6-4 控制字符与“文本”的特殊效果

控制字符	效 果
######	将数据输入端的数值以一个带“+”的 5 位数字符输出
##.##	将数据输入端的数值以一个带 2 位小数的数值输出,且用句号分隔
##,##	将数据输入端的数值以一个带 2 位小数的数值输出,且用逗号分隔
\c	清除显示,并将后面的文本插入“文本显示”的开头

在“Data type”一栏,设定数值为整数还是浮点数。

10. Append value(添加数值)

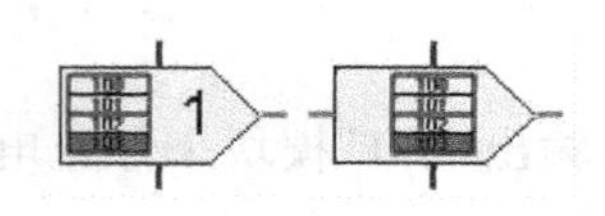

该模块传递添加元素的指令,见 6.1.4.5“序列”一节。这条指令可将附带的数值添加到序列的末尾。如果序列已满,则会忽略这条指令。

11. Delete value(s)(删除数值)

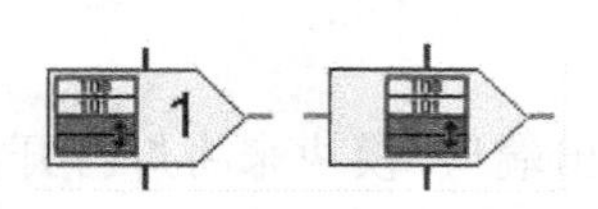

该模块传递删除元素的指令,见 6.1.4.5“序列”一节。用这条指令,可以从序列末尾开始删除元素。指令附带的数值是要删除的元素数量。如果这个值大于序列中元素的个数,则所有的数都会被删除。为了完全删除一个序列,可以传递一个带最大值“32 767”的删除数值指令。

12. Exchange values(交换数值)

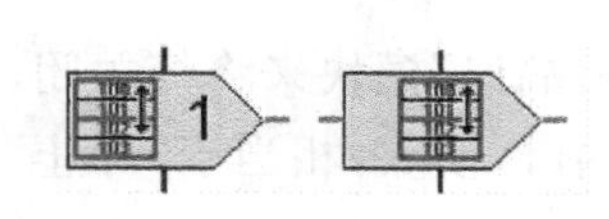

该模块传递交换元素的指令,见 6.1.4.5“序列”一节。用这条指令,序列中所有的元素都可以和第一个位置上的元素交换。随指令附带的数值为要交换元素的位置编号。

注意:序列第一个元素的编号为0。如果指令附带的值不是一个有效的元素编号,"序列"模块会忽略此指令。

6.1.6 比较,等待…(3级)

这一组的编程模块可设定区分条件,根据不同的情况分类执行。

1. Branch with data input(数据输入分支)

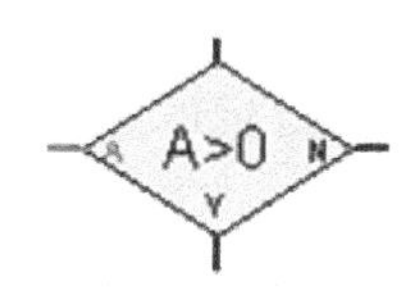

该模块的左边有一个橙色的数据输入端A。通过这个端子,可以读入一个来自输入模块的数值,如"变量"、"定时器变量"或运算器的输出,模块将其和一个预先设定的数值比较,根据结论是否成立,决定程序以"Y"或者"N"为出口继续向下执行。可通过属性窗口作如下设定:

在"Condition"一栏,输入用来和输入端A作比较的数值以及比较方式。

最常用的比较是A>0。意味着如果在数据输入端A出现的数值大于0,那么分支就以"Y"为出口。例如,仅传递1或者0值的数字量输入,就可以用这个方法来评估。定时器变量和其他很多的数值也同样可以用比较式A>0来评估。

在"Data type"一栏,设定数值为整数还是浮点数。

如果选择"Swap Y/N branches",在单击OK退出属性窗口时,"Y"和"N"两个出口会互换。要让Y/N回到初始的位置,可以将它们再互换一次。

2. Comparison with fixed value(固定值比较)

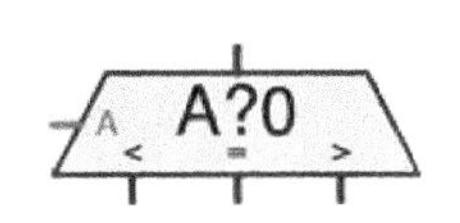

该模块将数据输入端A的数值和一个固定值作比较,根据小于、等于和大于这三种不同的比较结果,决定程序以模块的左边、中间或者右边为出口继续向下执行。该模块可以用两个"数据输入分支"模块来代替。经常将"变量"和"序列"的输出连接到数据输入端A。在属性窗口"Comparison value"一栏,输入一个和输入端A的值进行比较的常数。

3. Compare(比较)

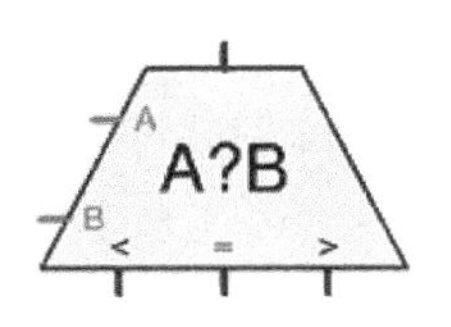

使用该模块,数据输入端A和B的数值可以相互比较。根据小于、等于和大于这三种不同的比较结果,程序以左边,右边或者中间作为出口继续向下执行。该模块没有属性窗口。

4. Time delay(延时)

该模块和基本模块组中的"延时"功能一样,进程中当执行到该模块时,时间延时开始。当设定的延时时间一到,程序继续向下执行。可通过属性窗口作如下设定:

在“Time”一栏,输入延迟的时间。可以使用小数,例如1.23。

在“Time unit”一栏,选择秒,分钟或者小时作为时间单位。这里的时间单位对延时的精度没有影响。一个60s的时间延迟和一分钟的时间延迟动作是完全一样的。

5. Wait for...(等待…)

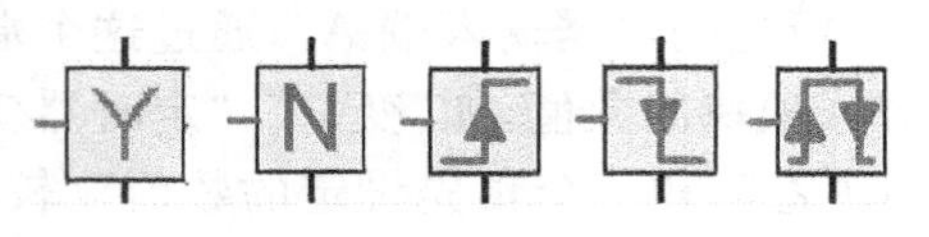

该模块可以阻止程序向下执行,直到在模块的数据输入端出现指定的变化或者达到一个特定的状态。

从左至右模块有五种设定的状态或者变化:第1种,模块等待输入端的状态为是(>0);第2种,模块等待直到输入端的状态为非(<=0);第3种,模块等待直到输入端的值上升,不仅仅是从0到1的变化,而且是任何一种增加,比如从2到3也计在内;第4种,模块等待输入端数值下降;第5种,模块等待输入端变化,不管是任何方向,这种经常用在脉冲齿轮上。

前面两种模块等待的是状态,而后面三种则是变化。前两种如果已经达到了相应的状态,则模块不再等待,而后三种模块总是等待直到检测到输入端的变化。

在属性窗口“Wait for”一栏,可以在上述五种功能中作选择。

如果选择了“Detect changes when inactive”,模块在其不应当执行的时候,也会监测信号变化的发生。在此情况下,模块保存了最近的值。当模块再次执行的时候,如果值在间歇期已经按正确的方式变化了,程序可以立即继续执行。这样能降低丢失信号变化的可能性。

6. Pulse counter(通用脉冲计数)

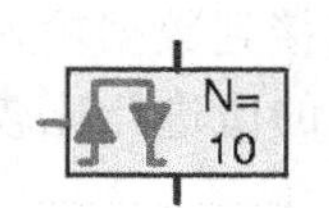

该模块先要在数据输入端接收脉冲,并计数达到自定义的数量后,程序才能继续向下执行。在实现用脉冲齿轮定位的功能时经常使用。该模块可以处理更多种类的输入,而且不必像基础模块组中的“脉冲计数器”必须通过属性窗口预先指定输入端口。可通过属性窗口作如下设定:

在“Number of pulses”一栏,输入在程序继续向下执行前,要等待的脉冲数。

在“Pulse type”一栏,选择等待何种形式的脉冲:0→1(上升),1→0(下降)或者两者皆是。选中后标识相应做如下变化:

注意:在模块未执行时,不能像“等待…”模块那样检测脉冲变化。

6.1.7 输入,输出(3级)

这一组的每个编程模块都包含一个数据的输入或输出端,为数据和指令的处理指明端口信息。

1. Universal input(数字量输入)

可以用该模块指定输入端口,传递 I1～I8 接数字量输入时的状态值。如果控制器输入端口电气上是闭合的,则该模块会送出一个数值“1”,否则就会送出一个数值“0”。可通过属性窗口作如下设定:

在“Universal input”一栏,选择所用的控制器输入端口。

在“Sensor type”一栏,选择连接到输入端的传感器类型。大多数情况下是开关(Pushbutton switch)或干簧管(Reed switch)。

通过选择传感器类型,ROBO Pro 会自动为其匹配输入模式,在第 4、5 级,通过“Input mode”一栏,可以独立设定是电压输入、电阻输入或者是超声波。其中“D”标识的为数字量。例如,虽然光电传感器(Phototransistor)事实上是一种模拟的传感器,但也可以作为数字量输入,所以默认为其匹配的是 D 5k 模式,如果将一个发光管作为光源和连接到输入端的光电传感器一起使用,此时其在光束中断时返回的值为“0”,未中断返回“1”。如果选择 A 5k 模式,则是将光电传感器作为模拟量输入使用,此时可以用来区分在明亮和黑暗之间的许多阶段。

在“Interface/Extension”一栏,选择所使用的输入端口位于主控制器还是其他扩展设备。

2. Universal input(模拟量输入)

可以通过该模块指定输入端口提取 I1～I8 端口接模拟量输入时的值。和“数字量输入”返回“0”和“1”值不同,“模拟量输入”可以分辨连续的输入。如电阻式模拟量输入返回一个 0～5 000 之间的整数值。两者使用相同的属性窗口:

在“Sensor type”一栏,选择连接到输入端的传感器图示。经常使用光电传感器(Phototransistor)和温度传感器(NTC resistor)。

同样的,通过选择传感器类型,ROBO Pro 会自动为其匹配输入模式,在第 4、5 级,通过“Input mode”一栏,可以独立设定是电压输入、电阻输入或者是超声波。其中“A”标识的为模拟量。

3. Motor output(马达输出端口)

该输出模块可以处理相应的指令,从而改变控制器 M1～M4 输出端口中某一组的状态。

与基础模块组中的“马达输出”模块不同,这里的“Motor output”只是携带了一个端口信息,必须结合指令模块一起使用才能实现控制效果。模块可以处理表 6-5 中的指令:

表 6-5　指令与马达输出的动作

指令	值	动　作
Right	1～8	电机以速度 1～8 正转
Left	1～8	电机以速度 1～8 反转
Stop	无	电机停止
On	1～8	电机以速度 1～8 正转
Off	无	电机停止
=	−8～8	值−1～−8:电机以速度 1～8 正转 值 1～8:电机以速度 1～8 反转 值 0:电机停止

可通过属性窗口作如下设定:

在“Motor output”一栏,选择使用的控制器输出端口。

在“Resolution”一栏,选择输出的控制精度,通常为 8 级。

在“Interface/Extension”一栏,选择输出端口是位于主控制器还是其他扩展设备。

在“Image”一栏,选择接到输出接口的负载的图示。大多数情况下是一个电机,也可以接一个电磁铁、电磁阀或者灯。

4. Lamp output(灯输出端口)

该模块可以处理相应的指令,从而打开或关闭控制器 O1～O8 中的某一个输出端口。“灯输出端口”只占用控制器的一个输出接口,灯的另一根线需接到控制器的接地端。在这种接线方式下,灯只能打开或者关闭,无法改变它的极性。

与基础模块组中的“灯输出”模块不同,这里的“Lamp output”只是携带了一个端口信息,必须结合指令模块一起使用才能控制灯。模块可以处理如表 6-6 所示的指令:

表 6-6　指令与灯输出的动作

指令	值	动　作
On	1～8	灯以 1～8 级的亮度点亮
Off	无	灯被关闭
=	0～8	值 1～8:灯以 1～8 级的亮度点亮 值 0:灯关闭

可通过属性窗口作如下设定：

在“Lamp output”一栏，选择使用的控制器输出端口。

在“Resolution”一栏，选择灯的控制精度。默认是8级。

在“Interface/Extension”一栏，选择输出端口是位于主控制器还是其他扩展设备。

在“Image”一栏，选择接到输出接口的负载的图示。大多数情况下是一个灯，也可以接一个电磁铁，电磁阀或者电机，但是这里的电机只能单向旋转。

5. Panel input(面板输入)

该模块用于关联操作模块组中的控制模块。使用ROBO Pro可以设计自己的面板。面板上“按钮”、“滑块”等控制模块的状态需要通过该模块导入程序。“按钮”返回一个“0”或“1”值。“滑块”返回一个预设范围中的整数值(缺省值为0到100)。通过属性窗口可以关联面板上的控制模块，在程序中为其提供输入的接口：

每个主程序和子程序都有自己独立的面板。在”Select a button or slider from panel”栏中，不同界面中的控制模块在其所属的程序名字下列出。如果面板上还没有放入任何的控制模块，那么列表为空白。因此，在将“面板输入”和控制模块关联之前，必须先设计面板。

“Interface/Extension”一栏的选项被忽略，因为这里不处理控制器上的实际输入。

注意：面板只能在联机模式下使用，不能下载到控制器中。

6. Panel Output(面板输出)

该模块用于关联操作模块组中的显示模块。除了用“按钮”和“滑块”来控制慧鱼机器人模型，也可以在面板中插入“仪表”、“文本显示”、“指示灯”等显示模块。例如显示机器人的轴坐标或者极限开关的位置。在程序中，“变量”、“数字量输入”、“模拟量输入”或者指令模块需要通过连接该模块才能在面板显示模块上显示它们的值。通过属性窗口可以关联面板上的显示模块，在程序中为其提供输出的接口：

每个主程序和子程序都有自己独立的面板。在”Select a display or meter from panel”栏中，不同界面中的显示模块在其所属的程序名字下列出。如果面板上还没有放入任何的显示模块，那么列表为空白。因此，在将“面板输出”和显示模块关联之前，必须先设计面板。

6.1.8　运算器(3级)

这一组的所有编程模块被称为运算器。运算器有一个或多个橙色数据输入端。从数据输入端传递来的数值由运算器组合得出一个新值，此新值由运算器的输出端用一个“＝”指令送出。

算数运算器、比较运算器、逻辑运算器和位运算器使用相同的属性窗口。

在“Operation”一栏，设置运算器如何来组合它的输入，甚至可以将一个运算器转换为另一个运算器。

在“Number of inputs”一栏，设置运算器数据输入端的个数。

在“Data type”一栏，设定运算的数值为整数还是浮点数。

在第 5 级中，选中“Don't check for overflows”，如果运算后的整数超出了所允许的范围，数值就会加上或者减去 65 536，使得数值重新回到有效范围中。

1. Arithmetic operators(算数运算器)

算数运算器进行四则运算，标识和运算法则如图 6-6 所示：

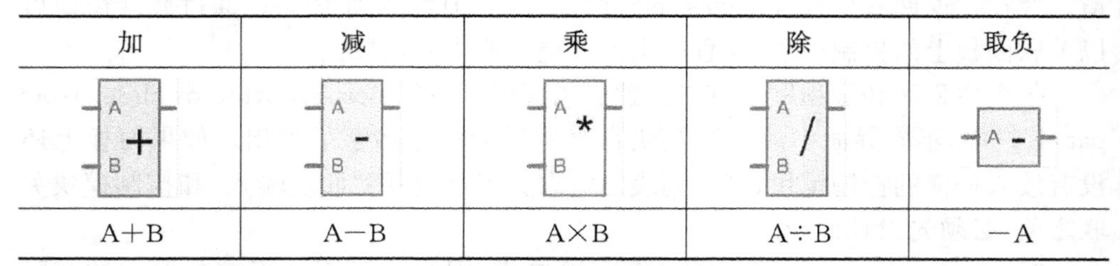

加	减	乘	除	取负
A+B	A−B	A×B	A÷B	−A

图 6-6　算数运算器标识和运算法则

前面四种为基本的算数运算器，通常带有 2 个输入端。对于减运算器，如果输入端超过 2 个，则所有下面的输入值都从输入端 A 的数值中减去；如果只有 1 个输入端，则运算器改变输入值的符号，即取负。对于除运算器，如果有 2 个以上的输入端，则输入端 A 的数值被所有其他值相除。当数据类型设为整数时，如不能整除，则只保留商的整数部分。

2. Comparative operators(比较运算器)

ROBO Pro 有六种比较运算器用来比较数值，标识和运算法则如图 6-7 所示：

等于	不等于	小于	小于等于	大于	大于等于
$A=B$	$A\neq B$	$A<B$	$A\leqslant B$	$A>B$	$A\geqslant B$

图 6-7　比较运算器标识和运算法则

如果比较的结果为真，输出值为 1，否则为 0。

除了不等于运算，其他运算器可以使用2个以上输入。此时运算器由上至下两两比较，其结果都为真时输出值为1。例如，用这种方法可以只用一个比较运算器来确定一个值是否在给定的上限和下限间。

3. Logical operators（逻辑运算器）

ROBO Pro有三种逻辑运算器，可以用来组合数字输入量，标识和运算法则如图6-8所示：

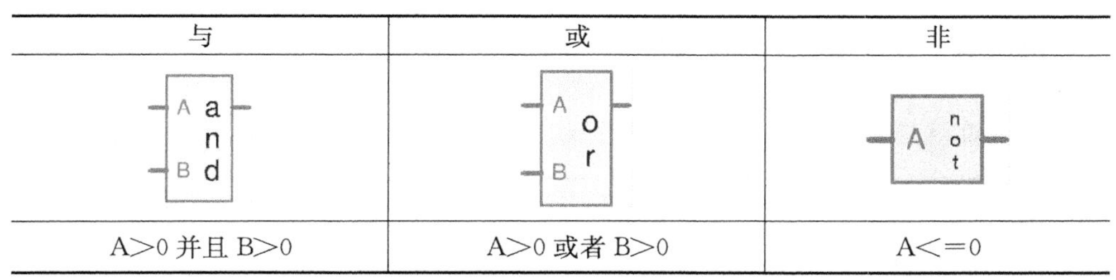

与	或	非
A＞0 并且 B＞0	A＞0 或者 B＞0	A＜＝0

图6-8　逻辑运算器标识和运算法则

逻辑运算器将一个大于零的值记为真（True），并把一个小于等于零的数记为假（False）。数字量输入返回一个值"0"或者"1"，这样"0"被看作假，而"1"看作真。

如果所有的输入值都为真（＞0），"与"运算器传递一个"＝1"指令到输出端连接的模块。否则模块将传递一个"＝0"的指令。

如果至少一个输入值为真（＞0），"或"运算器将传递一个"＝1"指令到输出端连接的模块。否则模块将传递一个"＝0"的指令。

如果其输入值为假（＜＝0），"非"运算器将传递一个"＝1"指令到输出端连接的模块。否则模块将传递一个"＝0"的指令。

4. Bit operators（位运算器）

位运算就是直接对整数的二进制位进行操作。在ROBO Pro中一个整数由16个二进制位组成，－32 767～32 767之间的整数都可以由表6-7所示中的数值进行组合，且二进制位表示是唯一的。例如，整数3可以表示为0000 0000 0000 0011，即位0和1设置为1，因为$3=2^0+2^1$。

表6-7　位运算表

位	数　值	位	数　值
0	$1=2^0$	8	$256=2^8$
1	$2=2^1$	9	$512=2^9$
2	$4=2^2$	10	$1\,024=2^{10}$
3	$8=2^3$	11	$2\,048=2^{11}$

（续表）

位	数　值	位	数　值
4	$16=2^4$	12	$4\,096=2^{12}$
5	$32=2^5$	13	$8\,192=2^{13}$
6	$64=2^6$	14	$16\,384=2^{14}$
7	$128=2^7$	15	$-32\,768=2^{15}$

请注意，当只有位 15 置为 1 时表示数值 32 768 即 1 000 000 000 000 000，这在 ROBO Pro 中具有特殊的意义，可用于修正错误或填补空白。

位运算就是对每个位上的数字进行如图 6-9 所示的逻辑运算：

位与	位或	位非	异或	左移/右移
A B AND	A B OR	A NOT	A B XOR	A B SHL　A B SHR
A,B 相同位上的两个数字都为 1，则为 1；若有一个不为 1，则为 0	A,B 相同位上的两个数字只要有一个为 1 即为 1	将 A 的每一个位上的数字都取反，即 0 变为 1，1 变为 0 后输出	A,B 相同位上的两个数字不同则为 1，相同则为 0	A 位上的数字都向左移动 B 位(高位方向)/A 位上的数字都向右移动 B 位(低位方向)

图 6-9　位运算器标识和运算法则

按照上述法则，0000 0000 0000 0011“位与”0000 0000 0000 0110 输出 0000 0000 0000 0010，即 3 和 6“位与”后的值为 2。

5. *数据类型转换*

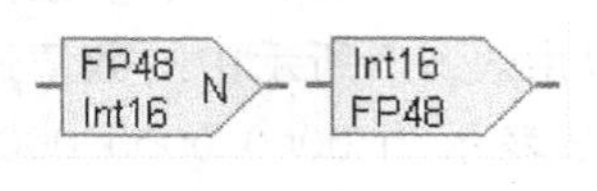

该模块转换数据类型，前者为浮点数转换为整数，后者为整数转换为浮点数。可通过属性窗口作如下设定：

在“Data type in”一栏，选择输入端的数据类型。

在“Data type out”一栏，选择输出端的数据类型。

在“Rounding”一栏，选择转换后保留结果的方式。

例：将某小数形式的常数，如 5.5 转换为整数，将值赋给变量 var，再用面板上的“文本显示”模块输出结果。保留方式为四舍五入，所以最终显示 6。

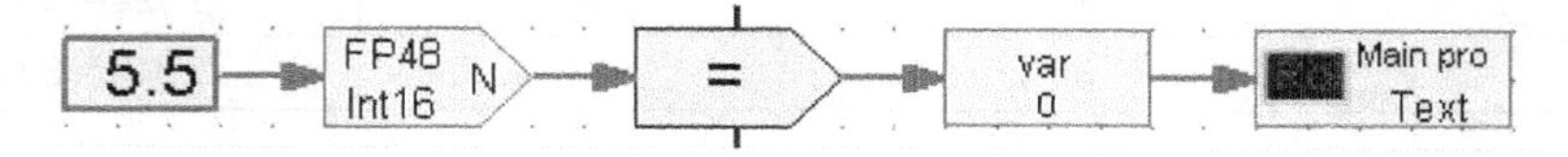

6. Functions(功能函数)

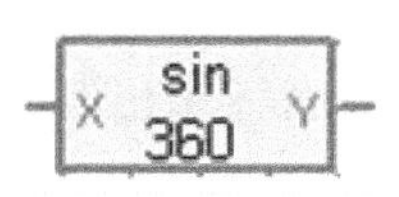

功能函数运算器只有一个输入端和一个输出端。可实现三角函数、根、指数和对数函数等计算。

计算功能占用系统资源比较多。为确保控制器执行指令的速度，一些功能的实现是有限的，所以最好不要放太多的功能函数在同一个橙色数据网络中。可通过属性窗口作如下设定：

在“Function”一栏，选择进行何种数学函数计算。

在“Data type”一栏，选择函数的结果是一个整数或浮点数，浮点型是默认的有效类型。

函数功能描述如表 6-8 所示：

表 6-8　函数功能

abs	计算绝对值，$Y=\|X\|$	sqt	计算平方根，$Y=\sqrt{X}$
exp	由 X 计算 e^X 的值，$Y=e^X$	exp10	由 X 计算 10^X 的值，$Y=10^X$
ln	由 e^X 计算 X 的值，$Y=\ln X$	log10	由 10^X 计算 X 的值，$Y=\log X$
sin360/sin2pi	由角度计算其正弦值，$Y=\sin X$	asin360/asin2pi	由正弦值计算其角度值，$Y=\arcsin X$
cos360/cos2pi	由角度计算其余弦值，$Y=\cos X$	acos360/acos2pi	由余弦值计算其角度值，$Y=\arccos X$
tan360/tan2pi	由角度计算其正切值，$Y=\tan X$	atan360/atan2pi	由正切值计算其角度值，$Y=\arctan X$

鉴于在三角函数与反三角函数中角度存在两种不同的度量方式，功能函数也做了区分，其中，360 对单位(1 圈=360°)，2pi 对应单位弧度(1 圈=2π)。

6.2　操作模块

该模块组包含显示和控制模块，使用它们可以在“Function”或者“Panel”界面创建一个操作面板。

对于插入的每一个操作模块，在程序中都需要一个相应的编程模块与之关联。控制模块用“面板输入” Panel Input ，显示模块用“面板输出” Panel Display 。可以通过这些编程模块在程序和面板之间建立连接。关联到不同的操作模块，编程模块相应的会显示不同标识。

6.2.1 显示模块

显示模块类似于在控制器上连接的输出器件,在程序中通过“面板输出”模块代入。

1. Meter(仪表)

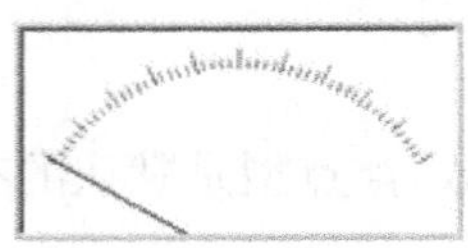

该模块就像一个带指针的模拟仪器,主要用来显示模拟量,也可以用它显示变量的值。

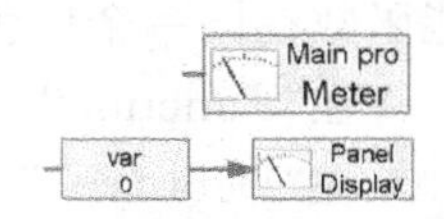

通过“面板输出”模块的属性窗口关联“仪表”,“面板输出”的标识也会改变,将显示“仪表”的名字和图标。

关联后,通过“=”指令到“面板输出”模块来设定仪表值。几乎所有的带数据输出的编程模块,当值改变后都用“=”指令传递。所以可以直接将“模拟量输入”或者“变量”连接到“面板输出”模块。

可通过属性窗口作如下设定:

在“ID/Name”一栏,输入仪表名字。输入名字很重要,可用于区分程序中的多个仪表。

在“Background color”一栏,点击“Edit...”设置仪表盘的底色,默认为白色。

在“Minimum value”一栏和“Maximum value”一栏中定义刻度左右两端相应的数值。

刻度有长短两种。长短刻度的间距可以在“Long tick step”一栏和“Short tick step”一栏中设定。如果是同样的值,则只显示长线刻度。

2. Text display(文本显示)

用该模块可以显示数字值和文本。通过“面板输出”模块的属性窗口关联“文本显示”,“面板输出”的标识也会改变,将显示“文本显示”的名字和图标。

可以通过两种方式,设置“文本显示”:

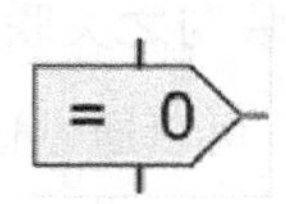

(1) 通过“=”指令将显示的内容传递到关联的“面板输出”模块。该方式适用于显示变量或者是其他的数值,因为大部分的编程模块会在值改变时,自动通过它们的数据输出端发出“=”指令。这条“=”指令仅仅改写最后的6个字符。可以用一个预先填入的文本来填充余下的位置。用这种方式,可以加上对所显示的值的一些解释性说明。在图示的例子中,显示1行10个字符,所以有10−6=4个字符保留,即保留文本“Var=”。如果是多行显示，可以在某一行上加上解释文字。在多行显示时，“＝”指令只改写最后一行的最后6个字符。

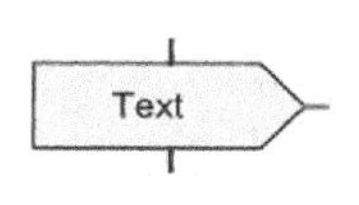

(2) 用“文本”指令设置所要显示的内容。通过这种方式不仅可以传递数据，还可以是完整的文本。如果传递多个“文本”指令到一个“文本显示”模块，各个文本会连接起来。用此方法，可以随意组合数据和文本。

可通过属性窗口作如下设定：

在“ID/Name”一栏，输入“文本显示”模块的名字，这样可以区分程序中的多个“文本显示”模块。

在“Text”一栏，输入最初显示的内容。这些内容会一直保留，直到程序传递了刷新的指令。

在“Digits/columns”一栏和“Lines”一栏，设定显示空间的字符数和行数。

在“Background color”一栏和“Text color”一栏，改变文本显示背景和文字的颜色。可点击“Edit...”来选择或自定义一种颜色。

3. Display lamp(指示灯)

“指示灯”是最常用的一种显示模块。它的功能类似于连接到控制器输出端的灯元件。

通过“面板输出”模块的属性窗口关联“指示灯”，面板输出的标识也会改变，将出现“指示灯”的名字和图标。

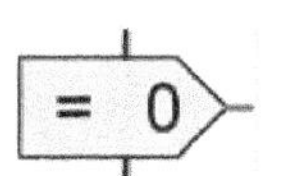

关联后，可以通过传递指令“打开”和“关闭”到“面板输出”来控制指示灯，也可以通过“＝”指令来开闭灯。如果值大于0，灯被打开。如果值小于等于0，则灯被关闭。可通过属性窗口作如下设定：

在“ID/Name”一栏，输入指示灯的名字。这样可以在程序中区分许多的指示灯。

在“Color”一栏，通过点击“Edit…”按钮可以设置指示灯的颜色。

如选中“Initially on”选项，指示灯一开始是点亮的，直到关联的“面板输出”模块收到关闭指令。否则指示灯初始时是熄灭的。

6.2.2　控制模块

控制模块类似于控制器连接的输入元件，在程序中通过“面板输入”模块代入。

1. Button(按钮)

该模块提供数字量,它的功能类似于按钮开关。

通过“面板输入”模块的属性窗口关联按钮,“面板输入”的标识也会改变,出现按钮的名字和图标。

关联后,“面板输入”可以连接到任何编程模块的数据输入端,像“数字量输入”一样使用。如果按钮被按下,返回“1”值,否则返回“0”值。

可通过属性窗口作如下设定:

在“Button text”一栏,输入按钮上显示的文本,同时也是按钮的名字。

在“Button color”一栏和“Text color”一栏中可以通过点击“Edit...”来改变按钮背景和文字的颜色。

如果勾选“Pushbutton switch”功能,则按一下按钮,它会保持压下状态直至第二次点击。否则,鼠标松开按钮也随之复位。

选中“Pushbutton switch”功能后,如勾选“Initially pressed”,则当程序开始时,它为压下状态,点击后弹起。反之初始为弹起状态。

2. Slider(滑块)

该模块提供模拟量,就像一个连接到控制器输入端的电位器。和“按钮”只能返回“0”和“1”值不同,它可以有许多不同的值。数值的范围可通过属性窗口来设置。

通过“面板输入”模块的属性窗口关联“滑块”,“面板输入”的标识也会改变,出现“滑块”的名字和图标。

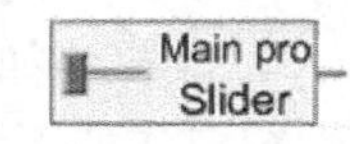

关联后,就像“模拟量输入”一样,“面板输入”模块可以连接到任何编程模块的数据输入端。经常是连接到一个带数据输入端的指令模块,比如用“滑块”来控制电机的速度。

可通过属性窗口作如下设定:

在“ID/Name”一栏,输入滑块名字。这样可以区分程序中的多个滑块。

在“Slider color”一栏,可以点击“Edit...”改变滑块的颜色。

在“Minimum value”一栏和“Maximum value”一栏,输入滑块的值的范围。如果要用滑块控制电机的速度,值的范围应该是1～8。

6.3　TX 显示屏模块

将功能栏切换至“TX Display”,可以编辑程序运行时在 ROBO TX 控制器液晶屏上的显示内容，模块包括显示与控制两类，调入使用的过程与操作模块类似，如图 6-10 所示。

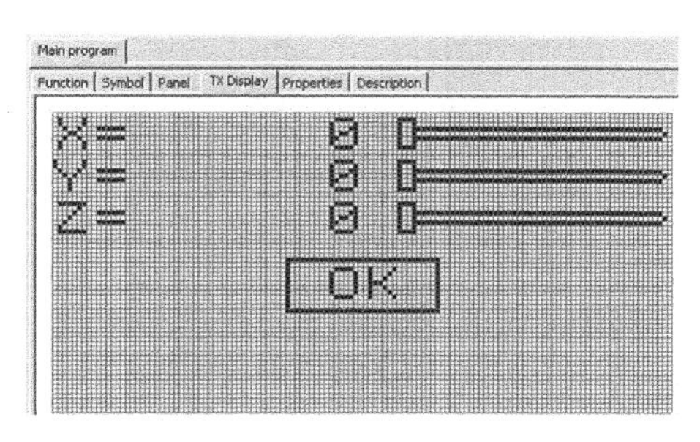

图 6-10　TX Display 编辑界面

与操作模块一样，放置的显示与控制模块要在程序中用“面板输出”Panel Display和“面板输入”Panel Input进行关联，关联成功后标识显示如下：

与“文本显示”关联　与“滑块”关联　与“按键”关联

程序运行时，控制模块使用液晶显示屏左右两侧的按钮操控，短按选择控制模块，长按改变该模块的状态：“滑块”开始滑动，“按键”被按下。

注意：一般情况下，可直接通过液晶屏旁的选择按钮停止下载到控制器中的程序，但如果某程序设计了 TX 显示功能，要停止运行该程序，则必须同时按下左右两个按钮。

6.4　自我测试

6.4.1　程序读写

学习了上述功能模块，试试看能写出并且读懂下面的程序了吗？

1. level 1-2 测试

图 6-11 程序解读：程序开始，当磁铁接触干簧管 I1 后，查询模拟输入 I2 的值，如果小于 800，O3 端连接的灯点亮 2s 熄灭，如果大于 800，M1 电机顺时针转动，开关 I3 进行脉冲计数，当变化达到 10 次时，电机停止转动，查询结束等待 I4 开关的触碰，进行下一次模拟输入的查询，如果已查询 10 次，程序结束。（提示：可以将光电传感器接入 I2 端口，用手电筒照射来改变其状态）。

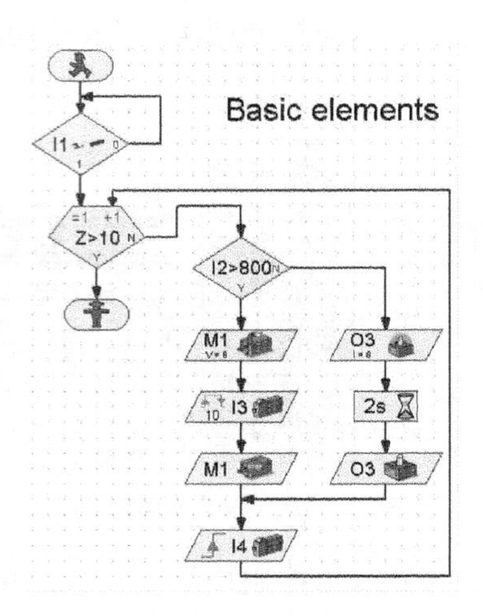

图 6-11 由 level 1-2 模块组合的范例程序

2. level 3-5 测试

读懂了吗？没错，图 6-12 和图 6-11 实现的功能完全一致，也许你会疑惑既然基本模块已经可以简单实现的功能，为什么还需要用这么繁琐的方式表达？其实图 6-11 的程序在运行过程中图 6-10 中的主要是对数据的操作和判断，数据最擅长携带信息在进程间进行交流，而要提取出基本模块中的数据是非常困难的，所以这种编程方式增强了组合的多样性和灵活性，还可以通过面板中的功能模块互动，例如，每隔一秒钟访问面板上的按钮、滑块的数据并实时显示出来，可以使用如图 6-13 所示的组合。

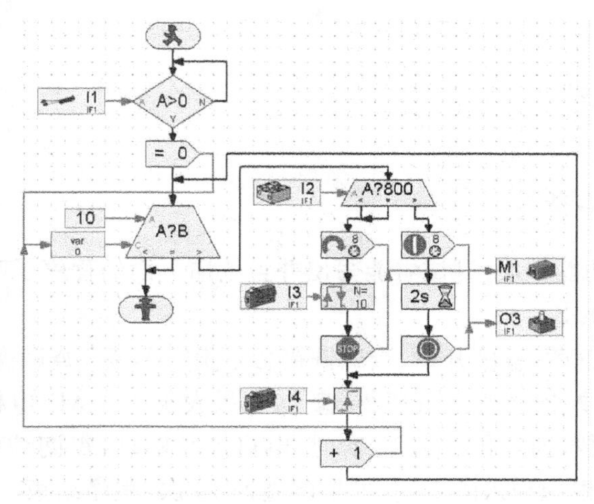

图 6-12 由 level 3-5 模块组合的范例程序

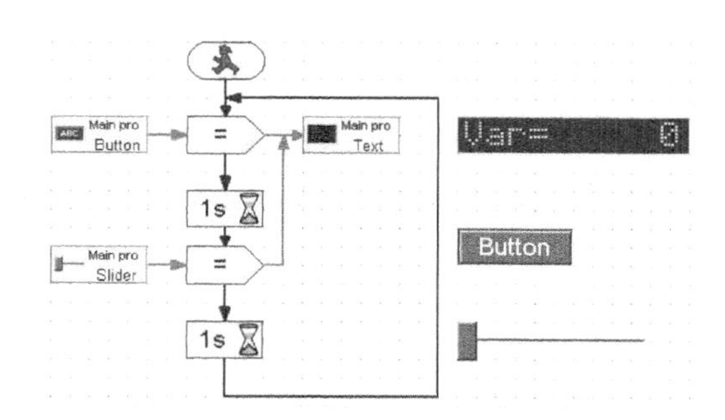

图 6-13　操作模块的范例程序

3. 序列的添加、删除和交换

图 6-14 程序解读：程序开始先清空序列里存储的所有元素，之后依次添加数值 1，2，等待 1s，添加滑块端的数值至末尾，从第一个位置开始查询序列中存入的数值，一直查询到第五个位置，每隔 1s 刷新显示读取到的结果，并核实该查询的有效性，因为序列中只存入了 3 个数值，所以只有前三次显示为有效，指示灯点亮，后两次无效，指示灯熄灭，查询结束，交换序列中位置 1 和位置 3 上的元素，删除位置 3 的元素后，再将滑块当前位置的数值添加进序列，重复查询和显示序列的 5 个位置存入的数值。程序运行时，用鼠标拖动滑块不断改变位置，即可以看到数据的明显变化。

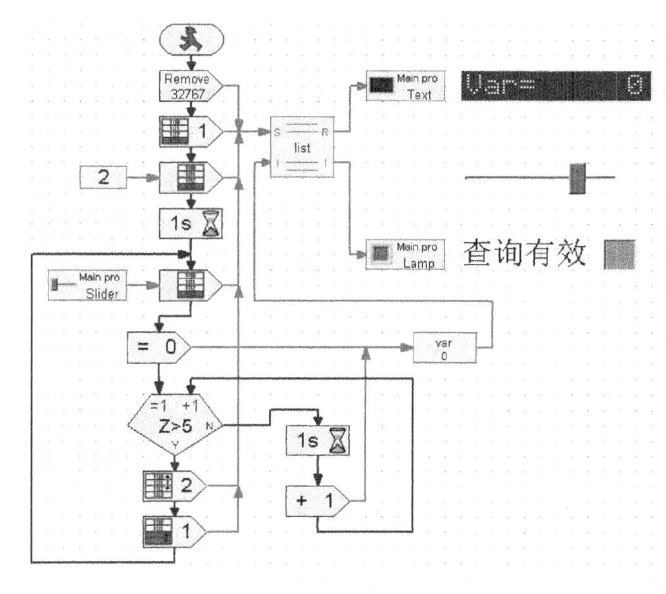

图 6-14　序列操作的范例程序

4. 发送和接收

图 6-15 程序解读:这是两块控制器之间发送和应答的子程序,左侧控制器 RCN1 发送指令 SG 给右侧控制器 RCN2,控制器 2 检测指令是否收到,收到后应答 SL,跳转出子程序,控制器 1 收到应答,跳转出子程序,本次通信结束。

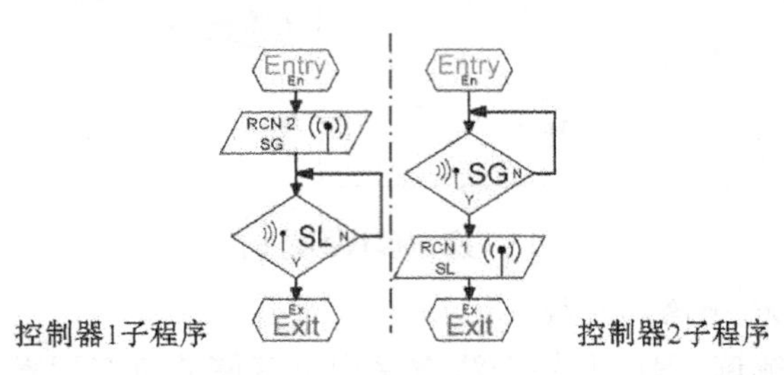

图 6-15 发送接收的范例程序

5. 运算器

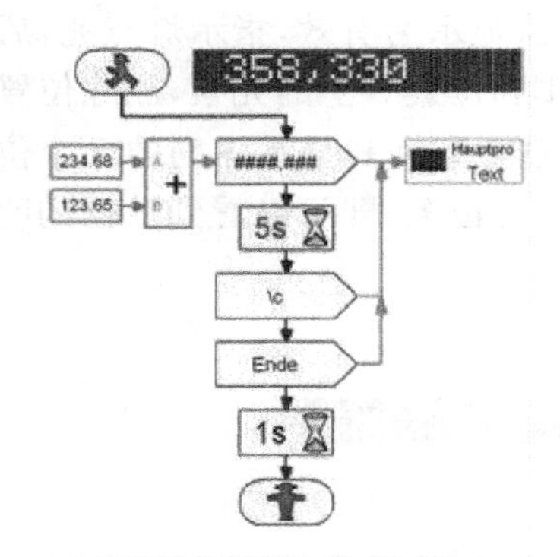

图 6-16 运算与显示的范例程序

图 6-16 程序解读:将两个数相加后以特定形式显示 5s,然后显示“Ende”1s,程序结束。

接下来该开始独立编程了,在 ROBO Pro 工具栏中选择 ,设定连接类型“Simulation”,将级别调整至第 3～5 级,试着完成下面的实验任务。

6.4.2 二进制实验

任务:了解二进制数与十进制数的关系及换算方法。

(1) 在 Panel 下,设计如下面板,并与主程序正确关联。(面板可自行设计,但不应少于图 6-17 中列举的要素)

(2) 程序先后流程如下:

① 鼠标单击 E1 按钮;

② 变量(Var 1)从 0 开始每隔 1s 增加 1;

③ 当 Var 1 等于 7 后变量每隔 1s 减少 1;

④ 当 Var 1 等于 0 时,程序结束。

E1
红 绿 蓝
二进制
十进制 Var1=

图 6-17 二进制实验 Panel 界面

(3) 程序运行后,在面板上显示变量的十进制形式,同时用红绿蓝三个指示灯状态显示 Var 1 的二进制形式。关系如表 6-9,指示灯状态 0 表示灯灭(off),1 表示灯亮(on),注意灯的亮灭不由时间来控制,灯的变化反映的是十进制数字即 Var 1 的变化。

表 6-9　十进制与二进制对应关系表

Var 1	0	1	2	3	4	5	6	7
红灯	0	0	0	0	1	1	1	1
绿灯	0	0	1	1	0	0	1	1
蓝灯	0	1	0	1	0	1	0	1

(4) 可使用数学上的算法(如除 2 取余)将某个十进制数转化为二进制数值。

(5) 程序中应体现二进制和十进制的转化概念,不要使用列表法穷举。

(6) 不要用延时来控制灯的亮灭。

提示:可以多个“开始”模块同时运行程序。

6.4.3　综合运用

任务:先读图 6-18 中的范例,在此基础上,扩展设计一个密码程序,熟悉输入、输出、面板和子程序等模块的使用。

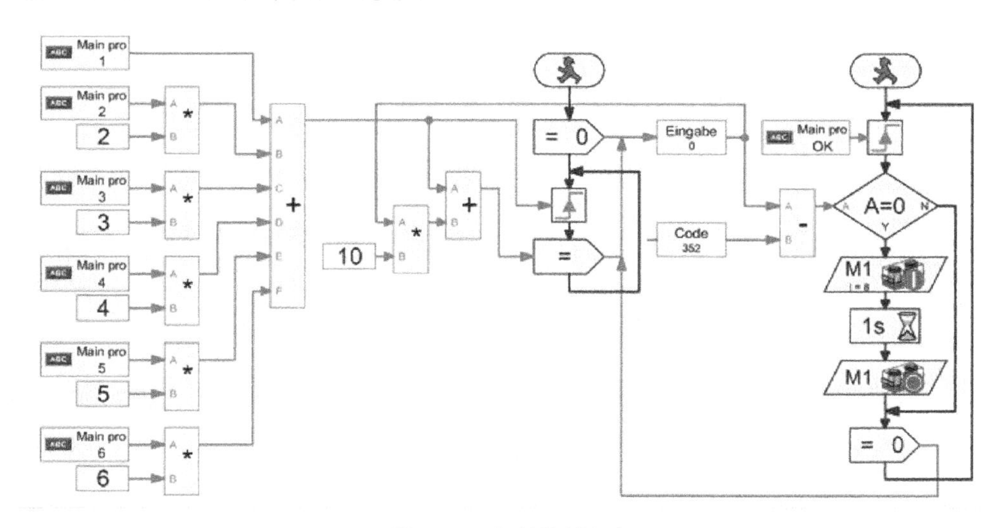

图 6-18　密码范例程序

实现基本功能如下:

(1) 设计一个密码锁的 Panel 界面如图 6-19 所示,密码由面板上 1～9 输入,密码为四位,顺序初步设定为 5812。

(2) 程序开始,鼠标单击 E1 按钮,面板上显示“code:”。

(3) 开始用鼠标单击面板上的数字输入密码,如果密码正确,显示“ok”,绿灯点亮,5s 后灯熄灭,重新回到等待输入密码的初始状态。

(4) 如果密码错误,显示“error”,连续输错 2 次,黄灯点亮,5s 后熄灭,回到等

图 6-19　密码锁 Panel 界面

待密码输入的状态。

(5) 密码连续输错 3 次,红灯点亮,程序结束。

(6) 为加强保密性能,密码判断的过程,使用子程序编程实现。

(7) 输入不足 4 位时不产生判断结果。

6.4.4　思考题

用 ROBO Pro 程序,设计如图 6-20 所示的 Panel 面板,实现要求的功能:

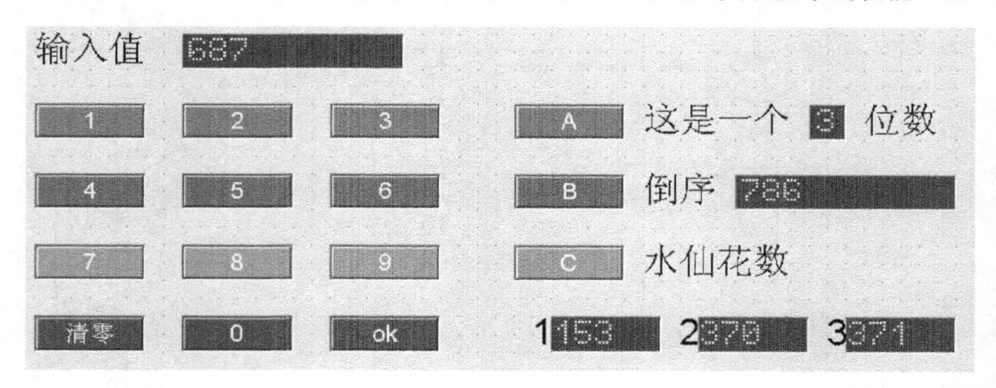

图 6-20　思考题 Panel 界面

(1) 按下 A 按钮,用面板上 0～9 按钮输入一个 0～9 999 的整数,并显示在输入值一栏,ok 确认后判断它是几位数(例如:687 是一个 3 位数),在面板上显示。

(2) 按下 B 按钮,用面板上 0～9 按钮输入一个 0～9 999 的整数,并显示在输入值一栏,ok 确认后将它在面板上倒序显示(例如:687 显示为 786)。

(3) 按下 C 按钮,找寻至少 3 个水仙花数(100<水仙花数<999),该数大小为其各个位上的数的三次幂之和(例如:$153=1^3+5^3+3^3$),并显示在面板上。

(4) 按下清零按钮,当前输入值变为 0。

都顺利完成了吗? 恭喜你掌握了 ROBO Pro 的编程单元,接下来去控制慧鱼机器人模型吧,设计合理的机构,完成第 7 章中的实验练习题。

第7章　实验练习题

为了巩固学习效果，本章列出一些练习题目，给处于模仿和改进阶段的读者作为参考，题目分为不同系列，希望能通过这些练习积累机器人设计与制作的经验，最终超越本书所给出的范围，完成自己的创意作品。

7.1　实验机器人

机器人是机电结合的设备，是机电一体化的典型代表，通过对如下实验机器人的实践，可帮助理解在日常生活以及工业生产等领域内使用的机器其机械结构和运行原理。下面列出了部分实验机器人，读者可根据需要选择相应的机器人进行巩固提高，结构制作时可以参考慧鱼实验机器人组合包中的搭建手册，也可以根据理解自行创意。

7.1.1　行人控制的交通信号灯

【介绍】

帮助理解程序中输入输出的概念。

【控制对象】

如图7-1所示。

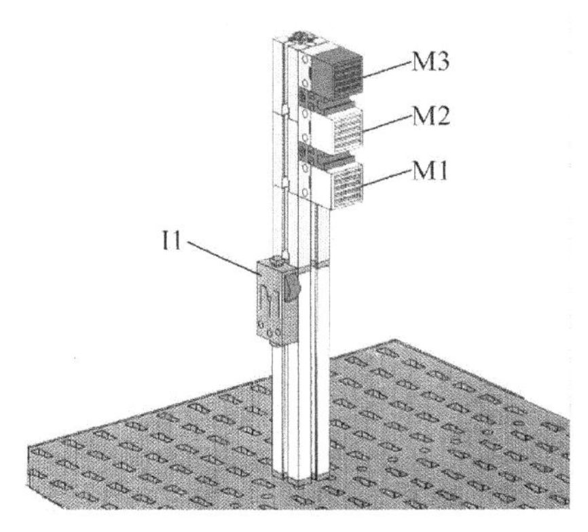

图7-1　行人控制的交通信号灯

【知识点】

开关：启动开关，输入。

灯：亮/灭，信号指示，输出。

【难度系数】

机构复杂度：　◎　程序复杂度：　◎

【连线表】

如表7-1所示。

表7-1　行人控制的交通信号灯连线表

I1	启动开关	M1	绿灯
M2	黄灯	M3	红灯

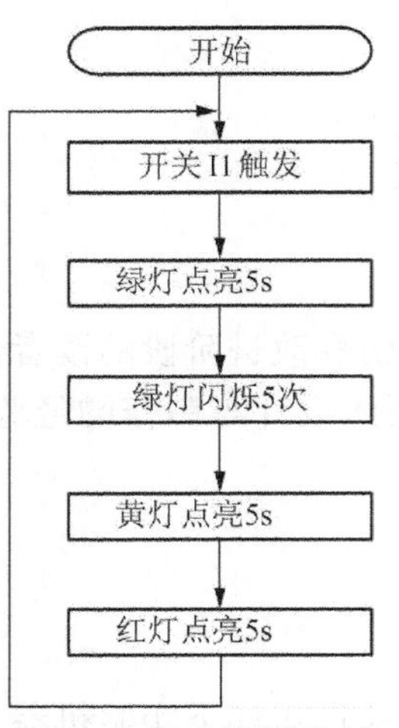

图 7-2 行人控制的交通信号灯控制流程

【要求】

编写程序,模拟手动控制交通信号灯的运行情况。

(1) 流程如图 7-2 所示,执行每一步骤时,其上一步骤自动结束。

(2) "闪烁"程序模块需自行编写。

提示:一次完整的闪烁其内容应包括:

灯点亮→延时 0.3s→灯熄灭→延时 0.3s。

(3) "闪烁"使用"循环计数"模块实现。当闪烁达到 5 次时,执行下一步动作。不要将闪烁程序连续复制 5 次以达到闪烁 5 次的效果。

【扩展】

在此区域添加你认为该交通灯还可增加的功能,包括结构上所做的变动。

7.1.2 卷扬机

【介绍】

该实验展示了在现有配件下对电机运行的不同控制方式。

【控制对象】

如图 7-3 所示。

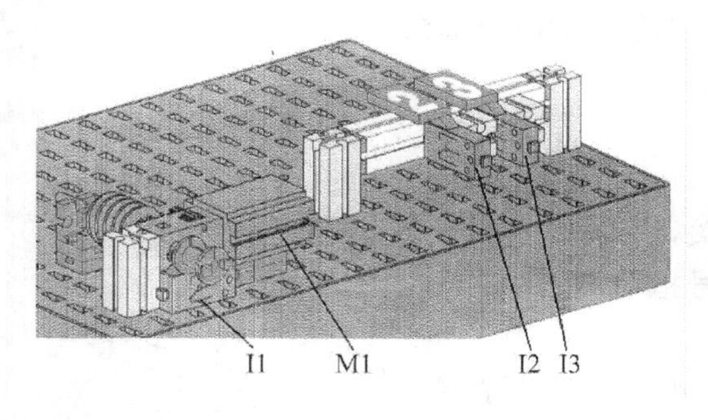

图 7-3 卷扬机

【知识点】

开关:用于起/停控制开关和蜗杆旋转的脉冲计数。

电机:驱动蜗杆转动。

【难度系数】

机构复杂度: ◎◎ 程序复杂度: ◎◎◎

【连线表】

如表 7-2 所示。

表 7-2　卷扬机连线表

I1	脉冲计数开关	I2	右转控制开关
I3	左转控制开关	M1	蜗杆旋转的驱动电机

【电机状态】

cw　　电机右转

ccw　　电机左转

【要求】

1）编写程序 1

(1) 实现卷扬机的基本功能：程序运行后，按住 I2 电机右转；按住 I3 电机左转；I2，I3 两者没有按住时电机不转；同时按住时电机也不转。

(2) 使用 I1 为计数器，定义全局变量 var1 记录转数。电机右转时，蜗杆每转动一圈，var1 增加 1；电机左转时，蜗杆每转动一圈，var1 减少 1，并显示当前转数值。

(3) 右转到 var1＝20 时，即使按住 I2 不放也不能再右转，但不影响左转的控制；同样，左转到 var1＝－20 时，即使按住 I3 不放也不能再左转，但可以继续进行对右转的控制。

2）编写程序 2

(1) Panel 界面中放置两个控制模块：设定卷扬机蜗杆的转数(1～99 正整数)滑块和起停控制按钮。

(2) 仍使用 I1 为计数器，记录方式与程序 1 中的相同。

(3) 通过滑块设定好转数后，起停按钮触发，卷扬机右转，到设定转数后，停止，1s 之后左转，到转数为零时，停止，等待下一次转数的设定和起停按钮的触发。

(4) 在 Panel 面板上显示当前蜗杆的转数值。

【扩展】

在此区域添加你认为该卷扬机还可增加的功能，包括结构上所做的变动。

7.1.3　工业铲车

【介绍】

实为具有行走能力的机器人，若在该车上安装传感器，通过编程，可使其具有识别周围环境的功能。

【控制对象】

如图 7-4 和图 7-5 所示。

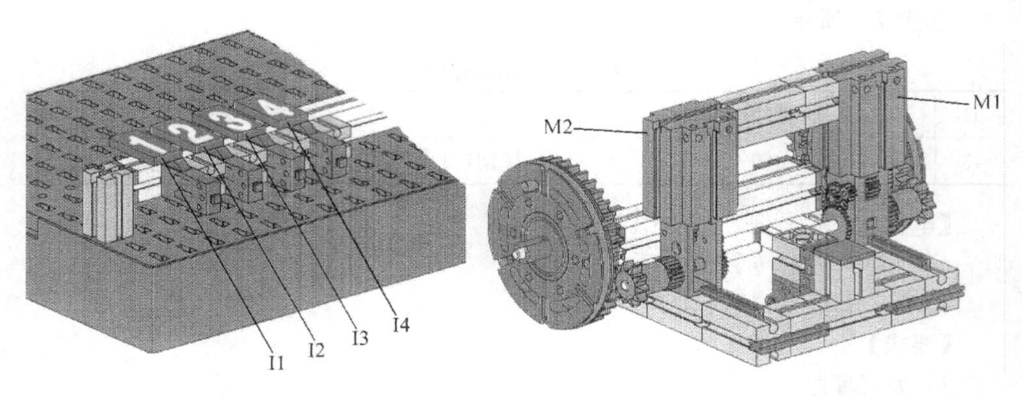

图 7-4 工业铲车控制键盘　　图 7-5 工业铲车车体

【知识点】

开关:用于起/停等运动的控制开关。

电机:驱动车轮转动。

【难度系数】

机构复杂度: ◎◎◎ 程序复杂度: ◎○

【连线表】

如表 7-3 所示。

表 7-3 工业铲车连线表

I1	铲车前行	I2	铲车后退
I3	铲车左转	I4	铲车右转
M1	左侧车轮驱动电机	M2	右侧车轮驱动电机

【电机状态】

cw　车轮向前

ccw　车轮向后

【准备工作】

试举出至少三种传感器,并说明它们为何种输入类型。

【要求】

(1) 按住 I1 铲车前行;按住 I2 铲车后退;按住 I3 铲车左转;按住 I4 铲车右转;不按开关,铲车不动。

(2) 同时按下两个或者两个以上时,铲车不动。

【扩展】

在此区域添加你认为该铲车还可增加的功能,包括结构上所做的变动。例如,对结构稍做改动并编写控制程序，使铲车在向前行进过程中，遇到障碍时能停止，障碍物清除后可继续前进。

7.1.4　三层升降机

【介绍】

通过编程该升降机可将物品提升到规定高度。如果结合行车程序，增加编程的复杂性，能完成更生动的运输、储物系统。

【控制对象】

如图 7-6 所示。

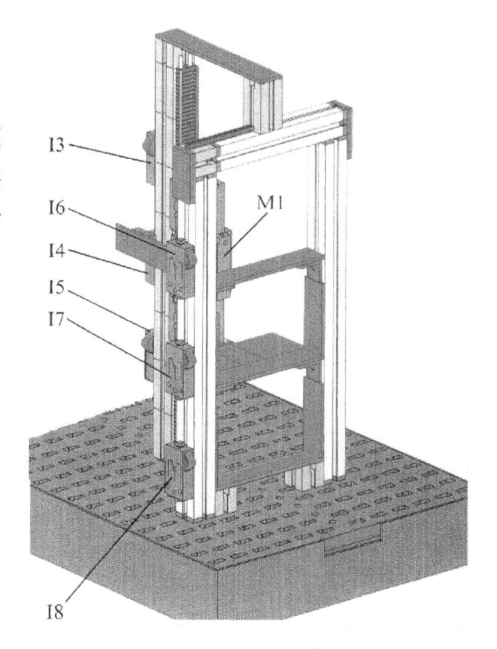

图 7-6　三层升降机

【知识点】

开关：用于起/停的控制开关和定位。

电机：带动平台升降，做直线运动。

【难度系数】

机构复杂度：　◎◎◎

程序复杂度：　◎◎◎

【连线表】

如表 7-4 所示。

表 7-4　三层升降机连线表

I3	顶层到达判断开关	I6	顶层呼叫开关
I4	中层到达判断开关	I7	中层呼叫开关
I5	底层到达判断开关	I8	底层呼叫开关
M1	升降台电机		

【电机状态】

cw　　升降台上升

ccw　　升降台下降

【要求】

(1) 初始化：从任意位置开始，自动将升降台降至底层。到达底层后，停止，等待任意层的呼叫。

(2) 升降台处于停止状态时，可响应 I6，I7，I8 任意层的呼叫。I6 触发，升降台停顶层;I7 触发,升降台停中层;I8 触发,升降台停底层。

(3) 升降台在移动过程中,不响应 I6,I7,I8 的呼叫。

(4) 记录顶层、中层及底层的停泊次数(Var1,Var2,Var3)并显示。

(5) 已经停泊在该层时,再触发该层的呼叫开关,升降台不动且停泊次数不增加;升降台只是经过而没有停泊时,停泊次数也不增加。

(6) 可用多个“开始”模块并行运行程序,注意不要产生逻辑矛盾。

【扩展】

在此区域添加你认为该升降机还可增加的功能,包括结构上所做的变动。

7.1.5 温控鼓风机

【介绍】

该作品上装有温度传感器——热敏电阻,用以检测环境温度;通过一只发光管供热,并使用鼓风机转动降温,这里温度传感器起一个检测和调节的作用。

【控制对象】

如图 7-7 所示。

【知识点】

发光管+温度传感器:温度控制。

电机:风扇转动。

【难度系数】

机构复杂度: ◎ 程序复杂度: ◎○

【连线表】

如表 7-5 所示。

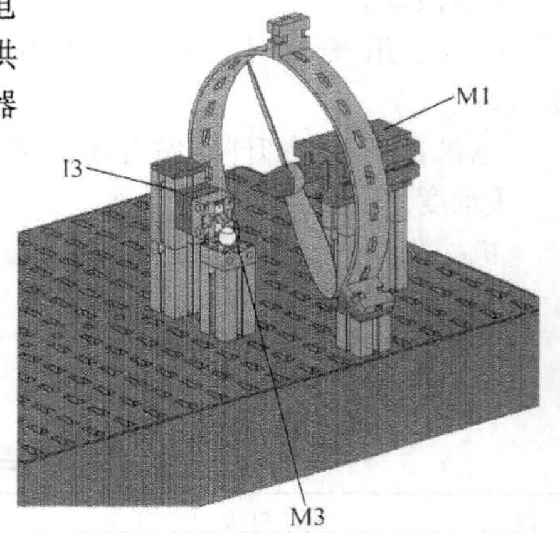

图 7-7 温控鼓风机

表 7-5 温控鼓风机连线表

I3	温度传感器	M1	风扇电机
M3	发光管(白炽灯)		

【电机状态】

cw 扇叶顺时针转动

ccw 扇叶逆时针转动

【准备工作】

打开检测面板,I3 端传感器选择 Analog 5kOhm(NTC,…)类型,将点亮的发光管放在温度传感器上改变温度,观察一下数值的变化情况。

【要求】

(1) 可自行设定起始转动温度。

(2) 低于设定温度时,风扇不转。

(3) 达到设定的起始转动温度,风扇开始转动,延迟5s,风扇停止转动。

(4) 实时显示鼓风机的当前温度。

【扩展】

在此区域添加你认为该鼓风机还可增加的功能,包括结构上所做的变动。例如:自动烘手机、电风扇等。

7.1.6 加工中心

【介绍】

该作品由两部分组成:工件转盘和加工头。旋转盘上放置有多件被加工工件,加工头待工件位置定位后将下冲对准工件一一加工。

【控制对象】

如图7-8所示。

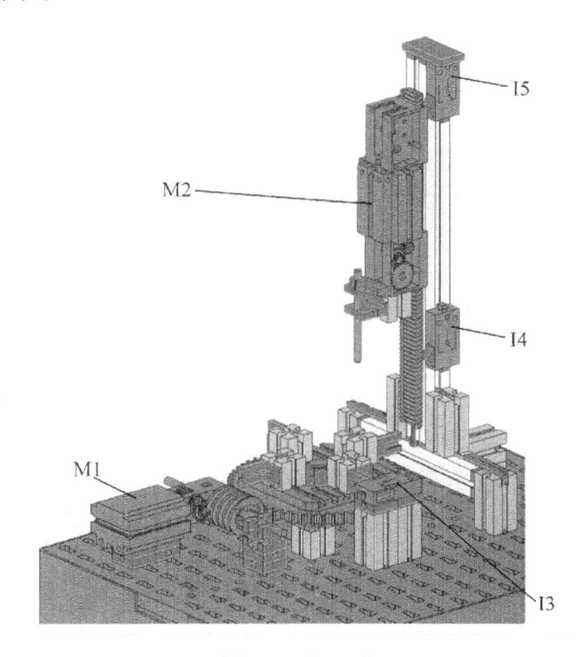

图7-8 加工中心

【知识点】

开关:加工头移动上下限位和转盘定位。

电机:驱动转盘转动和加工头直线运动。

【难度系数】

机构复杂度: ◎◎◎○ 程序复杂度: ◎◎◎○

【连线表】

如表 7-6 所示。

表 7-6 加工中心连线表

M1	工件转盘电机	I4	加工头下限位开关
M2	加工头升降电机	I5	加工头上限位开关
I3	工件位置判断开关		

【电机状态】

如表 7-7 所示。

表 7-7 加工中心电机状态

	M1	M2
cw	工件转盘顺时针旋转	加工头下降
ccw	工件转盘逆时针旋转	加工头抬升

【要求】

(1) 设计 Panel 面板,放置 2 个控制模块:开始加工的按钮和设定加工时每个工件的冲压次数(1~9 正整数)滑块。

(2) 程序运行后,按面板上的按钮开始加工。

(3) 按如下流程完成一次加工:加工头抬高至最高位,底盘顺时针旋转 90°,加工头下降进行冲压,达到设定的冲压次数,加工完毕。

(4) 再回到最高位,转 90°,冲压,……,为第二次加工,以此类推。

(5) 面板上放置 2 个显示模块:显示工件加工时已经冲压的次数和程序开始后已经加工完成的工件个数。

(6) 加入一个暂停加工按钮,当该按钮被按下时,冲压机至最高位后停止动作,本次加工取消,不记入已经冲压的次数,也不记入已经加工完成的工件个数。当该按钮被释放时,继续本次加工。

【扩展】

在此区域添加你认为该加工中心还可增加的功能,包括结构上所做的变动。

7.1.7 光电自动门

【介绍】

自动门上有两组由发光管和光电传感器组成的光路，当光路之一被门前到达物阻断时，门将自动打开放行。

【控制对象】

如图 7-9 所示。

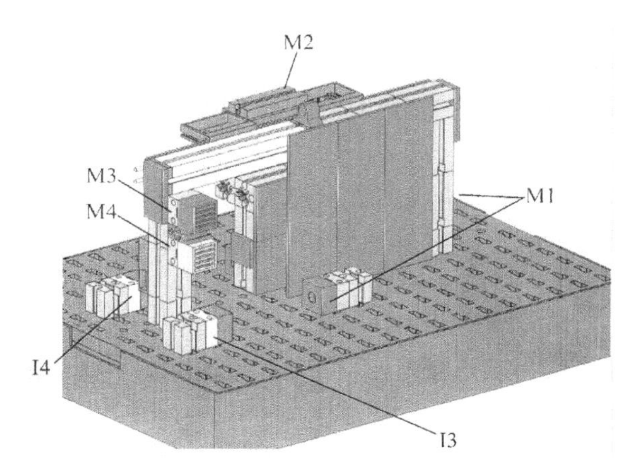

图 7-9　光电自动门

【知识点】

发光管＋光电传感器：光路控制开关。

开关：开关门的限位。

电机：带动门板直线移动。

【难度系数】

机构复杂度：　◎◎◎◎　程序复杂度：　◎◎◎◎

【连线表】

如表 7-8 所示。

表 7-8　光电自动门连线表

M1	发光管	M4	绿灯	I3	门外光电传感器
M2	开关门电机	I1	关门限位开关	I4	门内光电传感器
M3	红灯	I2	开门限位开关		

【电机状态】

cw　　自动门打开

ccw　　自动门关闭

【要求】

(1) 门关闭时,红色指示灯点亮;门打开时,绿色指示灯点亮。

(2) 程序应考虑如下几种情况(行人为双向行走):

a. 初始化门为关闭状态。

b. 感应到门外或门内有人要通过时,门打开,持续 5s 以便行人通过。

c. 当行人站在光电传感器感应范围内不动,门在持续打开 5s 后仍然保持开启状态,但应闪烁红灯提示行人通过。

d. 当门正在关闭时,有行人出现,门应立即开启,并再次保持完全开启时间 5s,以便于通过。

(3) 在 Panel 面板上加入恰当的显示模块,反映当前门的各种状态,如:门正在开启、正在关闭、完全开启、完全关闭等,在情况 b 中红灯闪烁的同时提示快速通过。

【扩展】

在此区域添加你认为该光电门还可增加的功能,包括结构上所做的变动。

7.1.8 寻物雷达

【介绍】

借助光电传感器实现模拟量的接收和测量分析。

【控制对象】

如图 7-10 所示。

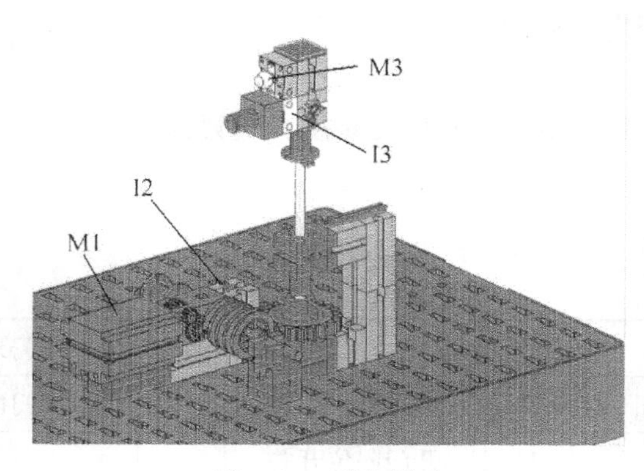

图 7-10 寻物雷达

【知识点】

发光管+光电传感器:光强分析。

开关:蜗杆旋转的脉冲计数。

电机:驱动转盘转动。

【难度系数】

机构复杂度： ◎◎○ 程序复杂度： ◎◎◎○

【连线表】

如表 7-9 所示。

表 7-9 寻物雷达连线表

I3	光电传感器	M1	转盘电机
M3	发光管	I2	计数开关

【电机状态】

cw 转盘顺时针旋转

ccw 转盘逆时针旋转

【要求】

实现雷达功能，捕捉物体并测量距离：

(1) 用 Panel 显示当前探测器所接收到的光强，添加 2 个滑块 EA 和 EB。

(2) 通过 EA 设定捕捉精度，即当光强改变至多少时，为捕捉到该物体(如直接使用输入端采到的模拟数值，建议在 1 000 左右)。

(3) 通过 EB 设定搜寻范围，即蜗杆的转数，开始后电机首先右转，到达该转数，电机左转，到达设定转数，电机右转……如此往复，转动过程中拖拽骨块改变 EB 数值，电机左右转动也做相应改变。

(4) 程序开始后，发光管点亮，开始捕捉目标。电机驱动转盘在设定区域内转动以寻找目标，当捕捉到目标时，电机停止转动，显示字样："Attention!!"红色并闪烁，闪烁间隔 0.5s。失去目标，电机继续转动并搜索目标。

【扩展】

在此区域添加你认为该雷达还可增加的功能，包括结构上所做的变动。

7.1.9 家用滚筒洗衣机

【介绍】

这是程控家用电器的一个典型实例，通过程序控制滚筒洗衣机的运动顺序、转动速度和方向，实现洗衣、甩干和紧急关闭等功能。

【控制对象】

如图 7-11 所示。

【知识点】

开关：洗衣机起/停的控制开关、脉冲计数。

发光管＋温度传感器：温度控制。

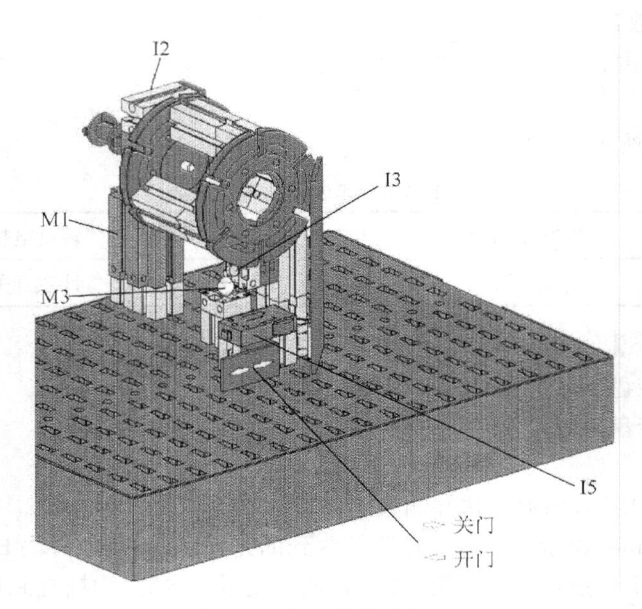

图 7-11　家用滚筒洗衣机

电机:驱动滚筒转动。

【难度系数】

机构复杂度：　◎◎◎　程序复杂度：　◎◎◎◎

【连线表】

如表 7-10 所示。

表 7-10　家用滚筒洗衣机连线表

I2	滚筒正反转动计数开关(限速开关)		
I3	温度传感器	M1	滚筒驱动电机
M3	发光管	I5	洗衣机开关门判断开关

【电机状态】

cw　滚筒顺时针转动

ccw　滚筒逆时针转动

【要求】

(1) 模拟完整的洗衣过程,至少应包括洗衣和甩干两个过程,其中洗衣过程滚筒的转速比较低,甩干过程转速较高。

(2) 显示当前温度,洗衣水温可通过 Panel 面板设定,不足该温度时,启动对水的加热程序,面板上显示"Heating On"。达到该温度后,停止加热,显示"Heating

Off"。

(3) 可通过 Panel 面板自定义洗衣时滚筒正转、反转圈数和往复次数。

(4) 门关好的状态下方可进行洗衣程序，洗衣过程中如突然开门，程序暂停，关门后继续洗衣。

(5) 使用 Panel 面板及时提示洗衣机的当前状态，主要包括加温、洗衣、甩干、急停、洗衣完毕等。

【扩展】

在此区域添加你认为该洗衣机还可增加的功能，包括结构上所做的变动。

7.1.10　简易机械手

【介绍】

单臂可旋转机械手，手指处为电磁铁，可实现对金属片状物在同一平面上的定位取、放。

【控制对象】

如图 7-12 所示。

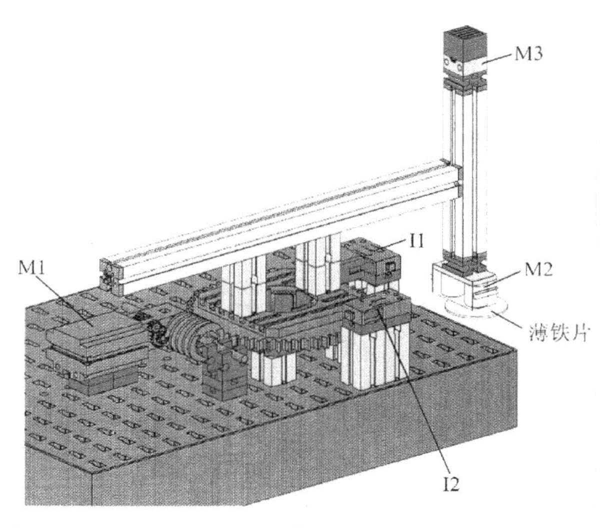

图 7-12　简易机械手

【知识点】

电磁铁：吸放金属片。

开关：转盘旋转限位或定位。

电机：驱动转盘转动。

【难度系数】

机构复杂度：　◎◎◎　程序复杂度：　◎◎◎

【连线表】

如表 7-11 所示。

表 7-11　简易机械手连线表

M1	转盘电机	I1	转盘左旋限位开关
M2	电磁手	I2	转盘右旋限位开关
M3	工作指示灯		

【电机状态】

cw　　底盘顺时针旋转

ccw　　底盘逆时针旋转

【要求】

(1) 实现常规动作:在每个周期中,底盘转 90°,拾起金属片状的工件,完毕,返回原位,放下工件;再重复刚才的操作,转 90°,拾起,……,返回。

(2) 可通过滑块设定操作的重复次数,全部动作完毕,机械手停止动作。

(3) 自定义红灯的作用。

(4) 设计 Panel 面板,同步显示机械手所处的状态。

【扩展】

在此区域添加你认为该机械手还可增加的功能,包括结构上所做的变动。

7.1.11　长短分选机

【介绍】

该机器人能检测长度,并将其区分为“长”和“短”两类,分别堆放。

【控制对象】

如图 7-13 所示。

【知识点】

开关:用于限位、定位和长度判断。

电机:带动分选机直线移动。

【难度系数】

机构复杂度：　◎◎◎◎　程序复杂度：　◎◎◎○

【连线表】

如表 7-12 所示。

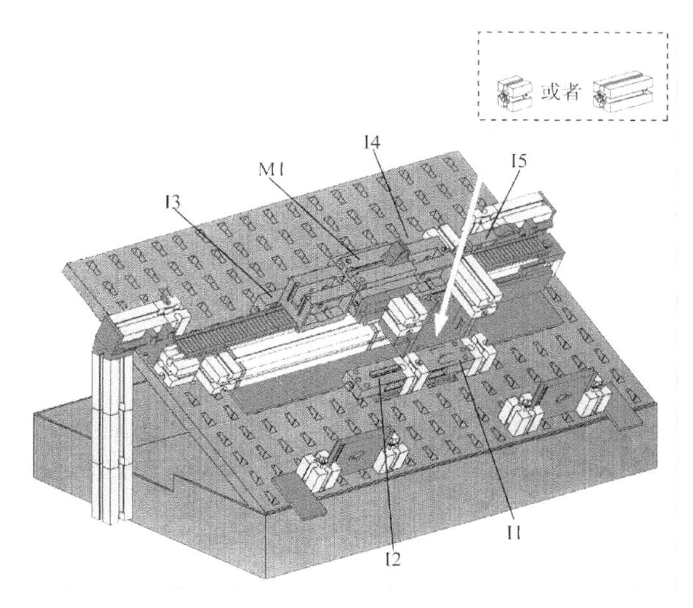

图 7-13 长短分选机

表 7-12 长短分选机连线表

I1	"长""短"判断开关	I4	长短零件投放处定位开关
I2	"长""短"判断开关	I5	长零件存放处定位开关
I3	短零件存放处定位开关	M1	分选电机

【电机状态】

cw 分选机右移 ⟶

ccw 分选机左移 ⟵

【要求】

(1) Panel 面板上放置按钮 E22 和文本显示。

(2) 初始化:分选机从任意位置开始行至零件投入位置 I4 处,停下。

(3) 面板上提示放入零件。

(4) 2s 后,面板上显示"press E22"。

(5) 放置好零件,鼠标单击按 E22 按钮,进行判断,如果是长零件,放右盘,如果是短零件,放左盘,计数并分别显示左盘和右盘零件的堆放数量。

(6) 判断完毕,等待 1s 后,回到 I4 处,重复(2)~(5)的操作。

(7) 面板上设计一个指示灯,当"长"或"短"零件堆放 3 个时,灯亮起提示集满。

【扩展】

在此区域添加你认为该分选机还可增加的功能,包括结构上所做的变动。

7.1.12 天线扫描器

【介绍】

该作品由 2 个电位器与控制器上输入端相连接,模拟实现跟随过程,展示控制与反馈的原理。

【控制对象】

如图 7-14 所示。

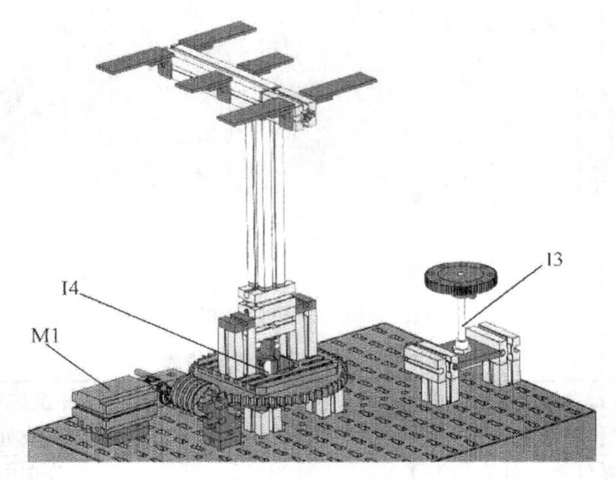

图 7-14 天线扫描器

【知识点】

电位器:模拟量输入和反馈角度。

电机:驱动转盘转动。

【难度系数】

机构复杂度: ◎◎○ 程序复杂度: ◎○

【连线表】

如表 7-13 所示。

表 7-13 天线扫描器连线表

I3	发射端电位器	M1	旋转底盘电机
I4	接收端电位器		

【电机状态】

cw 接收天线的底盘顺时针旋转

ccw 接收天线的底盘逆时针旋转

【要求】

(1) 熟悉反馈的概念,参照下面的控制原理,编写相应的程序(见图7-15),实现它的功能。

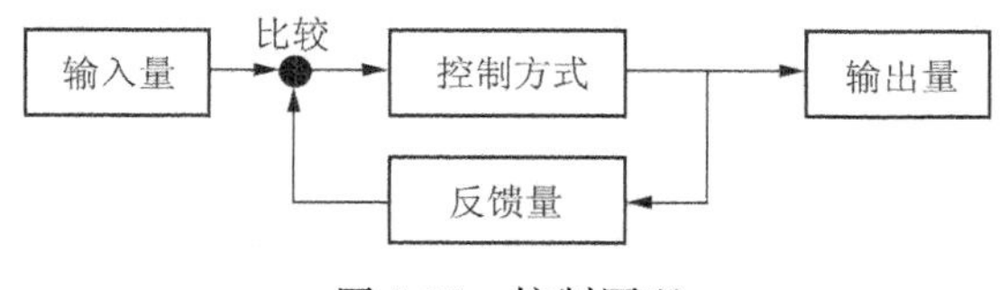

图7-15 控制原理

(2) 实现接收天线在转动时的远程定位:电机驱动底盘转动,并实时传回旋转的角度信息,达到发射端给出的位置时,停下。

(3) 显示当前发射端给出的目标角度值和接收端所处的位置值。

【扩展】

在此区域添加你认为该天线扫描器还可增加的功能,包括结构上所做的变动。

7.1.13 *X-Y* 搬运机

【介绍】

一只定位在 *X-Y* 轴上运行的电磁手,可以在指定的范围内将金属片搬来搬去。

【控制对象】

如图7-16所示。

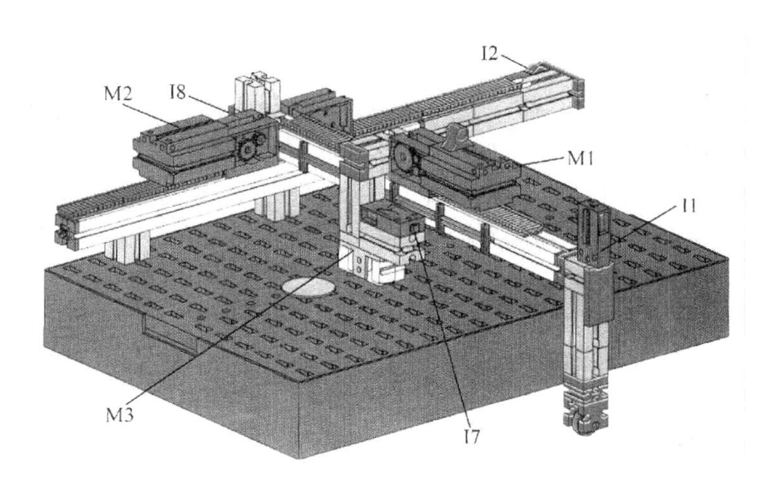

图7-16 *X-Y* 搬运机

【知识点】

电磁铁:吸放金属片。

开关:限位、脉冲计数。

电机:带动电磁手直线运动。

【难度系数】

机构复杂度: ◎◎◎ 程序复杂度: ◎◎◎○

【连线表】

如表 7-14 所示。

表 7-14 X-Y 搬运机连线表

I1	X 轴右限位开关	I2	Y 轴上限位开关
I7	X 轴脉冲计数及定位开关	I8	Y 轴脉冲计数及定位开关
M1	X 轴电机	M2	Y 轴电机
M3	电磁手		

【电机状态】

如表 7-15 所示。

表 7-15 X-Y 搬运机电机状态

	M1	M2
cw	电磁手 X 轴正向移动	电磁手 Y 轴正向移动
ccw	电磁手 X 轴负向移动	电磁手 Y 轴负向移动

【要求】

(1) 实现搬运机的基本功能:将金属片从一区域坐标为(−2,−3)处搬运至另一区域,可通过 Panel 面板自行设定。

典型动作过程:首先运行至 X 轴和 Y 轴的最边缘,定义为原点,然后去(−2,−3)区域取货物(金属片),拾起后搬运到指定位置,放下,搬运完毕,等待 1s 后,回原点。

(2) 实现搬运机的扩展功能:通过 Panel 面板自定义起始点、终止点和中间路径,定义搬运次数,实现自动搬运功能。

【扩展】

在此区域添加你认为该搬运机还可增加的功能,包括结构上所做的变动。

7.2　移动机器人

参考慧鱼移动机器人组合包中的搭建手册，或者自行设计制作智能小车，编程实现各个小车相对应的基本功能。

7.2.1　脉冲计数小车

【介绍】
利用脉冲计数来确定小车前进或后退的距离，以及左右转弯的角度。
【控制对象】
如图 7-17 所示。

图 7-17　脉冲计数小车

【知识点】
电机：驱动车轮转动。
开关：脉冲计数。
【难度系数】
机构复杂度：◎◎　程序复杂度：◎○
【连线表】
如表 7-16 所示。

表 7-16　脉冲计数小车连线表

I1	右侧脉冲计数开关	I2	左侧脉冲计数开关
M1	右侧车轮驱动电机	M2	左侧车轮驱动电机

【电机状态】

ccw　　车轮向前

cw　　车轮向后

【准备】

(1) 让小车前进 20 个脉冲,然后测量前进的距离。计算出每一个脉冲所对应的前进距离。为减小误差可重复 3 次测试再取平均值。

(2) 用同样的方法,测试每一个脉冲所对应的左右转弯的角度。

【要求】

(1) 编程实现小车前进、后退、左转、右转、原地旋转等基本功能。提示:两个电机同向不同速旋转,可实现转弯。两个电机同速不同向旋转,可实现原地旋转。

(2) 编写程序,让小车的移动路线是一个边长为 1m 的正方形。

【扩展】

比较理论终点和实际终点之间的误差,设计一个能减小该误差的方案。

7.2.2　寻光小车

【介绍】

利用光电传感器来寻找和追踪光源。

【控制对象】

如图 7-18 所示。

图 7-18　寻光小车

【知识点】

电机:驱动车轮转动。

开关:脉冲计数。

光电传感器:感知外界环境的亮度。

【难度系数】

机构复杂度:◎◎○　程序复杂度:◎◎○

【连线表】

如表 7-17 所示。

表 7-17　寻光小车连线表

I1	右侧脉冲计数开关	I2	左侧脉冲计数开关
I3	右侧光电传感器	I4	左侧光电传感器
M1	右侧车轮驱动电机	M2	左侧车轮驱动电机

【电机状态】

ccw　　车轮向前

cw　　车轮向后

【准备】

本实验需要光源,可使用小型手电筒或者点亮一个慧鱼发光管元件。

【要求】

(1) 小车原地缓慢旋转寻找光源,先顺时针转一周,再反向转一周。在这期间如果找到光源,则小车暂停;如果没有,则等待 5s 后重新开始旋转。

(2) 找到光源后,小车跟随光源移动。

(3) 一旦失去光源,则小车重新开始原地旋转。

(4) 设置一个障碍物,然后利用光源引导小车绕过该障碍物。

【扩展】

(1) 改变程序,实现自动避光的功能,当光源靠近它时,小车可以自动调整,远离光源或者面向没有光线的方向。当光源消失时,小车可以自由活动。

(2) 编写相应控制程序,实现与光源保持一定距离移动的功能,即光源太近小车会后退,光源太远小车会前进。

7.2.3　AGV 寻路小车

【介绍】

利用发光管和光电传感器组成的光路,来寻找和追踪路线。

【知识点】

电机:驱动车轮转动。

图 7-19　AGV 寻路小车

开关:脉冲计数。

发光管+光电传感器:通过反射后的光强判断路线。

【难度系数】

机构复杂度:◎◎○　程序复杂度:◎◎○

【连线表】

如表 7-18 所示。

表 7-18　AGV 寻路小车连线表

I1	右侧脉冲计数开关	I2	左侧脉冲计数开关
I3	右侧光电传感器	I4	左侧光电传感器
M1	右侧车轮驱动电机	M2	左侧车轮驱动电机
M3	发光管		

【电机状态】

ccw　车轮向前

cw　车轮向后

【准备】

制作路线,并尽量选择与背景在光线反射特性上差异大的颜色,常规组合是黑白即白底黑线。提示:打开发光管至少 1s 后,再进行寻路。

【要求】

(1) 小车原地缓慢旋转以寻找路线,先顺时针转一周,再反向转一周。在这期间如果找到路线,则小车暂停;如果没有,则等待5s后重新开始旋转。

(2) 找到路线后,小车沿路线移动。

(3) 一旦失去路线,则小车重新开始原地旋转。

【扩展】

在路线上设计一些特殊的标记,让小车能自动行走或停靠。

7.2.4　避障小车

【介绍】

小车与障碍物相遇后,触发相应的开关,以采取对应的躲避措施。

【控制对象】

如图7-20所示。

图7-20　避障小车

【知识点】

电机:驱动车轮转动。

开关:脉冲计数和各方向的障碍物判断。

【难度系数】

机构复杂度:◎◎◎　程序复杂度:◎◎◎

【连线表】

如表7-19所示。

表 7-19 避障小车连线表

I1	右侧脉冲计数开关	I2	左侧脉冲计数开关
I3	右前方障碍判断开关	I4	左前方障碍判断开关
I5	后方障碍判断开关	M1	右侧车轮驱动电机
M2	左侧车轮驱动电机		

【电机状态】

ccw　车轮向前

cw　车轮向后

【准备】

躲避障碍的基本动作,如果右(左)侧遇到障碍物,小车应先后退一段距离,左(或右)转一定角度然后继续前进。

【要求】

(1) 对于出现在行进路线上的障碍,可以躲避,保证小车在地面上行进,不会在障碍物上撞坏。

(2) 小车进入障碍死角后,可以成功转出。

(3) 如果小车在上述避障时的后退过程中,遇到后方的障碍物,则应立即停车,然后照常采取相应的避障措施。

【扩展】

遇到障碍物后,设定的左转和右转角度相同好还是不同好,为什么?

7.2.5 边缘探测小车

【介绍】

加装 4 个边缘探测器来识别各个方向的边缘,防止从高处摔落。

【控制对象】

如图 7-21 所示。

【知识点】

电机:驱动车轮转动。

开关:各方向的边缘探测。

【难度系数】

机构复杂度:◎◎◎　程序复杂度:◎◎◎○

【连线表】

如表 7-20 所示。

图 7-21 边缘探测小车

表 7-20 边缘探测小车连线表

I3	右前方边缘探测开关	I4	左前方边缘探测开关
I5	右后方边缘探测开关	I6	左后方边缘探测开关
M1	右侧车轮驱动电机	M2	左侧车轮驱动电机

【电机状态】

ccw　车轮向前

cw　车轮向后

【准备】

列举出4个边缘探测开关可能产生的所有情况组合以及此时小车的状态。

【要求】

(1) 思考每一种情况下小车应采取的措施,并编写出相应的程序,以达到防止小车从高处摔落的目的。

(2) 对于出现在行进路线前方的边缘,可以后退躲避,并改换一个方向继续行进。

(3) 小车进入边缘死角后,可以成功转出。

7.2.6 寻光避障小车

【介绍】

综合实现寻光小车和避障小车的功能。

【控制对象】

如图 7-22 所示。

图 7-22 寻光避障碍小车

【知识点】

电机:驱动车轮转动。

开关:脉冲计数和各方向的障碍物判断。

光电传感器:感知光强。

【难度系数】

机构复杂度:◎◎◎◎ 程序复杂度:◎◎◎○

【连线表】

如表 7-21 所示。

表 7-21 寻光避障碍小车连线表

I1	右侧脉冲计数开关	I2	左侧脉冲计数开关
I3	右前方障碍判断开关	I4	左前方障碍判断开关
I5	后方障碍判断开关	I7	右侧光电传感器
I8	左侧光电传感器	M1	右侧车轮驱动电机
M2	左侧车轮驱动电机		

【电机状态】

ccw 车轮向前

cw 车轮向后

【要求】

(1) 小车原地缓慢旋转以寻找光源,先顺时针转一周,再反向转一周。在这期间如果找到光源,则小车暂停;如果没有,则等待5s后重新开始旋转。

(2) 找到光源后,小车跟随光源移动。

(3) 一旦失去光源,则小车重新开始原地旋转。

(4) 移动期间,小车能自动躲避遇到的障碍物。

(5) 完成避障后,小车继续跟随光源移动。

7.2.7　行走机器人

【介绍】

行走机器人仿生昆虫,用六条机械腿来代替车轮,以实现前进、后退、左转、右转等基本功能。

【控制对象】

如图7-23所示。

图7-23　行走机器人

【知识点】

电机:驱动机械腿。

开关:脉冲计数,同步两组机械腿。

【难度系数】

机构复杂度:◎◎◎◎　程序复杂度:◎◎◎

【连线表】

如表 7-22 所示。

表 7-22　行走机器人连线表

I1	右侧脉冲计数开关	I2	左侧脉冲计数开关
M1	组 1 机械腿驱动电机	M2	组 2 机械腿驱动电机

【电机状态】

ccw　　机械腿向前

cw　　机械腿向后

【要求】

(1) 将机械腿置于正确的起始位置。

(2) 将六条机械腿分为两组,一侧中间的和另一侧两边的为一组。两组机械腿轮流同时着地实现前进和后退。用开关检测状态,实现同步。

(3) 改变电机的转动方向来实现左转和右转。

(4) 用开关进行脉冲计数。

(5) 编写程序,展示行走机器人的各项基本功能。

7.2.8　其他

1. 困在笼子里的小车

指定一个笼子,如在白纸上用黑胶带粘一个正方形的框,在 AGV 小车的基础上改进或者自行设计一个小车。

编程实现如下的基本要求:

(1) 小车始终保持在笼子里移动的状态,轮子不允许出框。

(2) 可以避开笼子里面设定的障碍。

2. 走迷宫机器人

制作一个具有智能处理能力的机器人,对于一个未知的迷宫环境,利用自身所配置的传感器可以成功地从入口走向出口。

编程实现如下的基本要求:

(1) 机器人在迷宫内能灵活的转弯,可以走出死胡同。

(2) 能迅速地找到出口,成功地走出迷宫。

7.3　气动机器人

7.3.1　气动式自动门

【介绍】

实现气动式自动门的功能。当受到轻触时,门会自动打开,当门后的感应光线被阻挡时，门自动关闭。

【控制对象】

如图7-24所示。

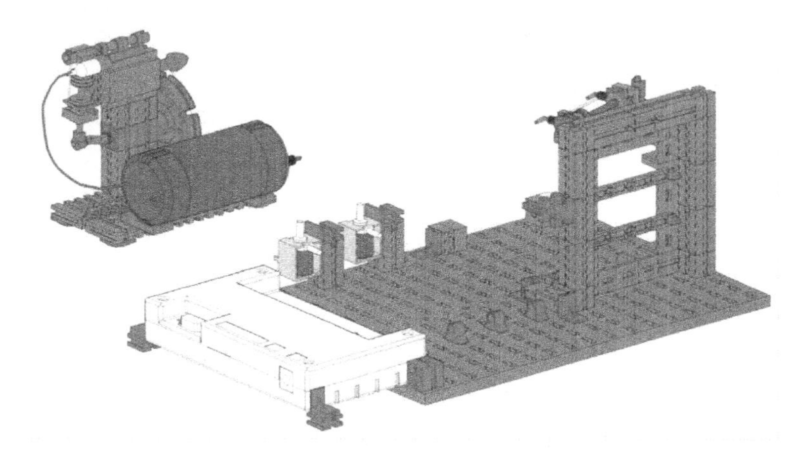

图7-24　气动式自动门

【知识点】

开关：开门控制，判断门是否受到轻触。

电机：带动气缸做活塞运动，为储气罐充气。

电磁阀：2位3通阀，通电进气，断电关气，推动气缸往复运动，控制自动门的开、关。

发光管＋光电传感器：光线感应。

【难度系数】

机构复杂度：　◎◎◎○　程序复杂度：　◎◎

【连线表】

如表7-23所示。

表7-23　气动式自动门连线表

I1	轻触感应开关	I2	光电传感器
M1	开门控制电磁阀	M2	关门控制电磁阀
M3	发光管	M4	压缩机电机

【气管连接图】

如图7-25所示。

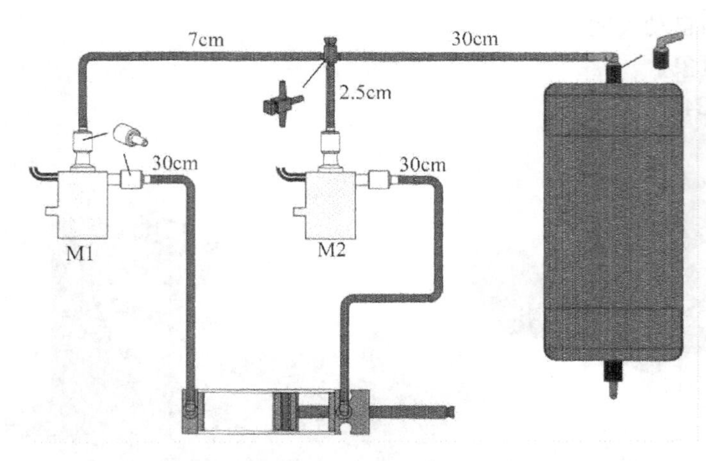

图 7-25 气动式自动门气管连接图

【准备】

实现控制动作前需要先通过电机对储气罐充气,压缩机的运作时间需根据输气管网络复杂程度而调整。本实验充气时间约为 0.7s。

【要求】

(1) 初始化门的位置,令 I1 开关处于按下状态;当用户轻触门后,推动气缸牵动门框,实现开门控制。

(2) 用户通过气动门,光线受到阻挡,控制气缸关闭自动门。

(3) 光线感应系统在门打开后工作,以减少能源消耗、延长器件寿命,即在门打开后点亮发光管,在门关闭后熄灭。

【难点】

如何协调用电器运作顺序,实现用户一轻触门就可以马上打开门,使自动门始终保持较高的灵敏度。

7.3.2 气动式分拣器

【介绍】

实现气动分拣功能。推送装置不断推送零件到传送带上,通过光电传感器判断,分拣出白色和黑色零件。

【控制对象】

如图 7-26 所示。

【知识点】

开关:对推送零件的动作进行计数。

电机:带动气缸做活塞运动,为储气罐充气。

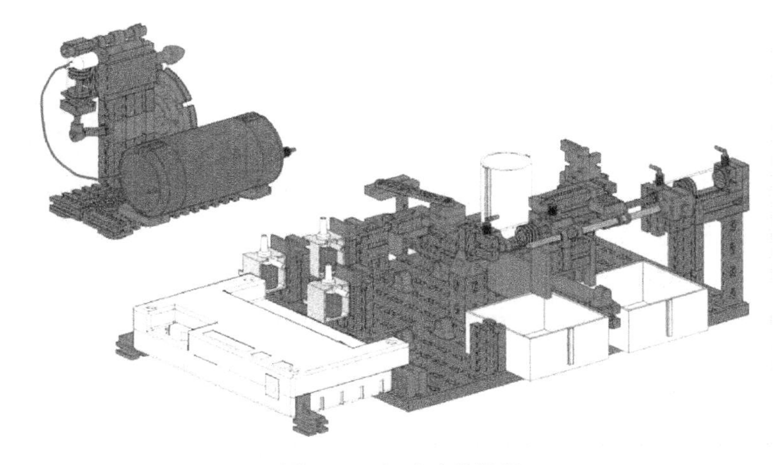

图 7-26　气动式分拣器

电磁阀:2 位 3 通阀,通电进气,断电关气,推动气缸往复运动,控制分拣机构左右移动。

发光管+光电传感器:通过零件反射光线的强弱判断零件的颜色。

【难度系数】

机构复杂度：◎◎◎◎◎　程序复杂度：◎◎◎

【连线表】

如表 7-24 所示。

表 7-24　气动式分拣器连线表

I1	推送计数开关	I2	光电传感器
M1	分拣机构右移电磁阀	M2	分拣机构左移电磁阀
M3	分拣机构归位电磁阀	M4	零件推送电机
9V	发光管	9V	压缩机电机

【气管连接图】

如图 7-27 所示。

【准备】

实现控制动作前需要先通过电机对储气罐充气,压缩机的运作时间需根据输气管网络复杂程度而调整。本实验充气时间约为 1s。

【要求】

(1) 推送装置送出零件,并记录数量。

(2) 当发光管照射处出现零件时,颜色识别系统开始进行判别。

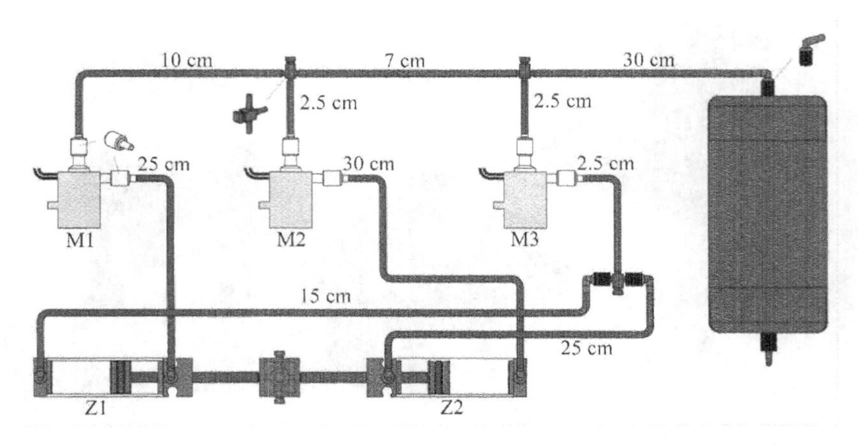

图 7-27 气动式分拣器气管连接图

(3) 根据光电传感器产生的信号,系统分辨零件的颜色,并将零件送入不同的收集区。白色零件送入左侧,黑色零件送入右侧。

(4) 重复分拣动作,直至分开所有的零件。

提示:编程时最好用子程序来包装一些主要的步骤,这样不仅使程序更简明,还方便调试。

【难点】

由于涉及两个气缸和三个电磁阀的控制以及推送装置的配合,因此各个气阀、推送电机的工作顺序和气阀开通的时间很关键,如果气压不够高,产生的推力不足,分拣机构不能归位回到滑道正上方,零件容易被强行推挤到错误的收集区。

7.3.3 气动式钳子

【介绍】

当按下开关后,系统会启动钳子,对工件进行夹取、转移、放下等一系列操作。

【控制对象】

如图 7-28 所示。

【知识点】

开关:钳子起/停控制。

电机:带动气缸做活塞运动,为储气罐充气。

电磁阀:2 位 3 通阀,通电进气,断电关气,推动气缸往复运动,经齿轮齿条结构驱动钳子转向以及控制钳子的开合。

【难度系数】

机构复杂度: ◎◎◎◎ 程序复杂度: ◎◎◎

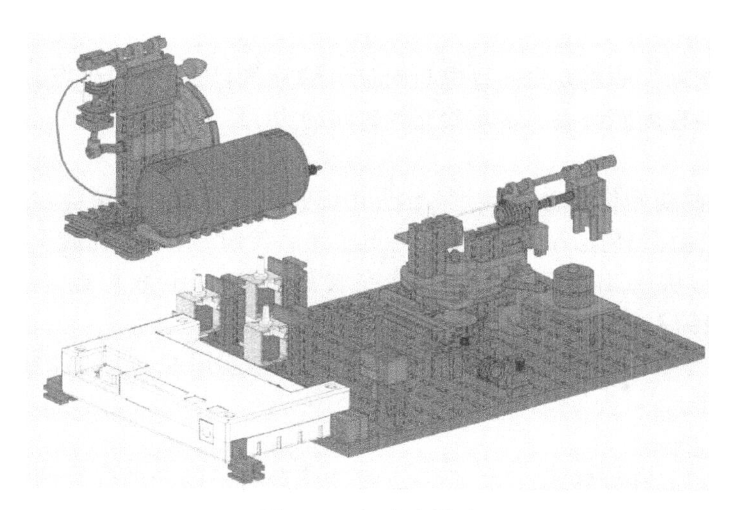

图 7-28　气动式钳子

【连线表】

如表 7-25 所示。

表 7-25　气动式钳子连线表

I1	启动开关	M1	闭合钳子的电磁阀
M2	钳子逆时针转动电磁阀	M3	钳子顺时针转动电磁阀
M4	压缩机电机		

【气管连接图】

如图 7-29 所示。

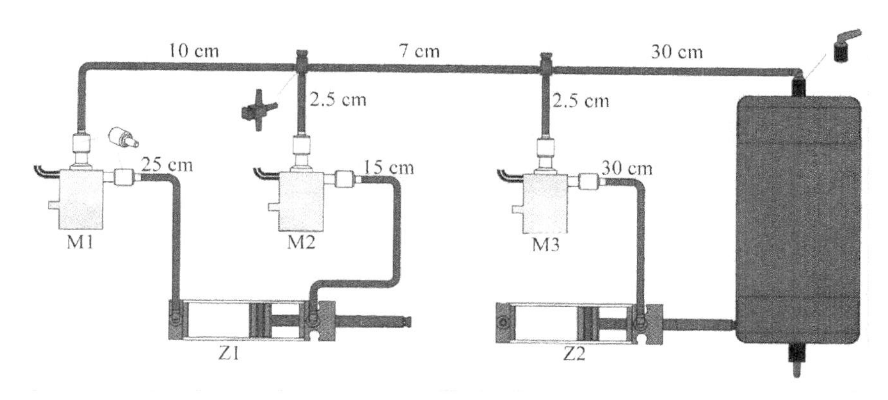

图 7-29　气动式钳子气管连接图

【准备】

实现控制动作前需要先通过电机对储气罐充气,压缩机的运作时间需根据输气管网络复杂程度而调整。本实验充气时间约为 1s。

【要求】

(1) I 件的初始位置为 A 位置,当拔出 I1 控制杆之后触发流程。

(2) 钳子由 B 转至 A 位置、闭合夹取 I 件后转回 B 位置、释放 I 件、返回至 A 位置、停顿 1s,从 A 出发至 B 位置,闭合夹取 I 件后转回至 A 位置、释放 I 件、返回至 B 位置、停顿 1s……循环往复。

提示:钳子在内置弹簧的弹力下会自动打开,所以启动 M1 闭合钳子,关闭 M1 即可张开钳子。

【难点】

夹取 I 件后,在旋转操作时,要一直维持驱动钳子闭合的气缸的气压,与内置弹簧压力平衡,使得钳子在旋转的过程中也能夹紧 I 件,不会掉落。

7.3.4　冲压加工中心

【介绍】

模拟 I 件冲压加工的过程。I 件由送入装置推到中间的转盘上,转盘先带动 I 件转到冲压机下方进行冲压,再转到出口处,由 I 件送出装置推送到收集区。

【控制对象】

如图 7-30 所示。

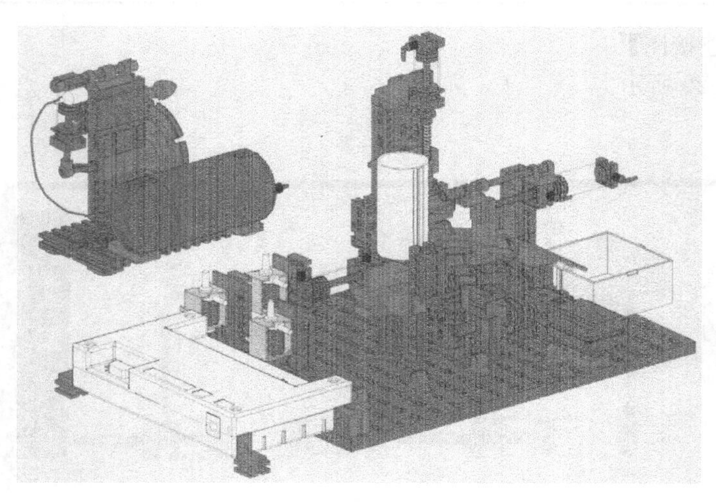

图 7-30　冲压加工中心

【知识点】

开关:转盘定位。

电机:带动气缸做活塞运动,为储气罐充气。

电磁阀:2位3通阀,通电进气,断电关气,推动气缸往复运动,控制送入装置、送出装置以及冲压机。

【难度系数】

机构复杂度: ◎◎◎◎◎ 程序复杂度: ◎◎○

【连线表】

如表7-26所示。

表7-26 冲压加工中心连线表

I1	转盘定位开关	9V	压缩机电机
M1	推杆推送电磁阀	M2	推杆拉回电磁阀
M3	冲压电磁阀	M4	转盘驱动电机

【气管连接图】

如图7-31所示。

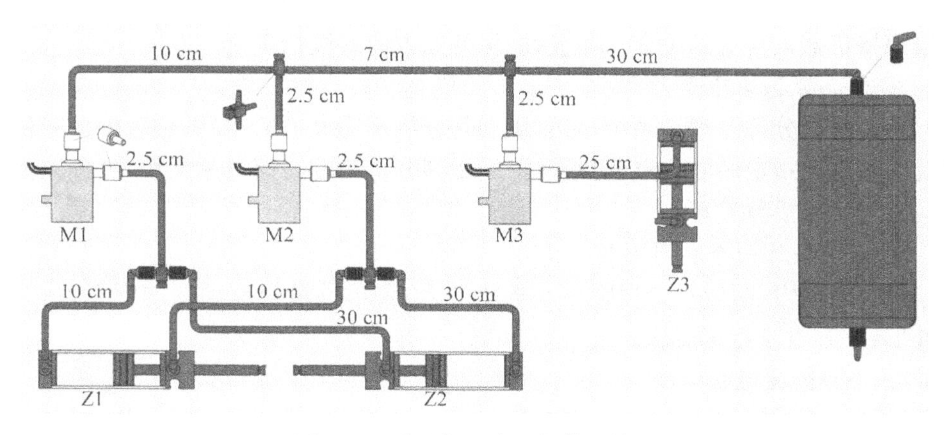

图7-31 冲压加工中心气管连接图

【准备】

实现控制动作前需要先通过电机对储气罐充气,压缩机的运作时间需根据输气管网络复杂程度而调整。本实验充气时间约为1s。

【要求】

(1) 初始化,拉回推杆。

(2) 驱动转盘转动,定位开关I1每次被触碰后,转盘停转,推送装置送入一个I件,把槽中I件推到转盘上六个位置中的一个,停顿1s,转盘转动,推杆拉回,准备送入下一个I件。

(3) 当第一个I件转到冲压机正下方时,开始进行冲压。

(4) 冲压完成,转盘旋转,准备加工下一个送入的I件,并将已经冲压好的I件送出。

(5) 推杆推出,向加工区送入下一个I件并把已经加工完成的I件推到收集装置中。

(6) 重复直至全部I件加工完成。

【难点】

在加工中心结构设计中,推出装置和送入装置是同步操作,所以转盘每一次停顿时,要同时送出和补充I件。

7.4 机器人综合运用

1. 越障碍机器人

设计一个移动机器人,要求能够翻越前方一定高度的障碍,并在翻越的过程中可以保持机器人自身的平衡,翻越后能保持原方向继续行进。

2. 物品分拣运输车

制作一个分拣及搬运系统,可以识别并分拣不同大小的物品,然后将分开的物品统一运送到指定的收集点,要求尽可能做到分拣精度高而且速度快,分拣以及运输的过程可以重复实现。

3. 尝试设计一个机器动物

发挥想象力,制作一个用腿移动的机器人,要求尽量模拟动物的形态,注意它的外形、重心以及行走步法。

4. 平稳的搬运机

设计一个手臂或一种机构,可以实现对于不同外形尺寸(如圆柱、长方体、正方体等)的货物进行平稳的搬运,要求动作精确、安全,搬运时货物不能出现倾斜或翻倒等情况,搬运过程可以重复实现。

5. 物料分类及包裹机

设计一个生产线,可以将生产不同产品的原材料自动分类,并且自动运送到不同的生产线,加工后的成品以3个为一组,进行打包处理。要求分类方法正确可靠,生产过程衔接紧密,功能齐全,可重复演示。

6. 货物的识别与存储

模拟工业生产中常用的自动仓储系统，为方便计算机管理，每件货物可使用条形码、电子标签或者孔卡来识别，并根据识别出的信息，将该货物准确地存放在仓库中。为增加存储空间，仓库设计时通常采用立体仓库的方案，要求设计出实用的读卡器，能够正确地识别出条形码、标签或孔卡上包含的信息，整个过程可以重复实现。

第8章　机器人的作品实例

本章节内容结合慧鱼机器人作品实例，给出总结报告的文档书写形式，以及介绍慧鱼机器人的其他控制方法，供读者参考。

8.1　慧鱼立体仓库设计与制作

慧鱼创意组合模型最初是重现工程技术原理的拼装教具，为工厂研究设计工业自动化机器提供模拟和示范，这里以立体仓库的设计为例进行介绍，其应用范围广泛、技术成熟并且实用性比较强。

8.1.1　选题意义

为了节省空间，很多领域都在使用自动立体仓库。本作品利用慧鱼构件设计模型，教学应用自动控制、现代物流、机电一体化等理论模拟实现货物在仓库各存储空间内的存、取和改变位置等功能。

8.1.2　结构方案设计

立体仓库的结构设计主要用于实现两个动作：一个是定位动作，一个是存取动作。

1. 定位动作

1）概念

定位动作就是把货物放到指定的位置。为了简化程序，这里假定把货物按大小、颜色、重量、体积等标准分成3类。每一类货物有2个存放的空间。根据识别的结果，提供给系统一个位置参数，然后启动程序，把货物放到该参数指定的那个存放空间。

2）设计

仓库框架如图8-1所示，这里为仓库设计了一个3×2的货架。3行分别放置3类货物，每一类货物有2个存放的空间。通过5个开关来定义货物的位置坐标，即3个开关表示纵向位置，2个开关表示横向位置。

同时，如图8-2所示，两组电机配合上齿轮齿条传动机构来实现搬运臂纵横两个方向上的移动。

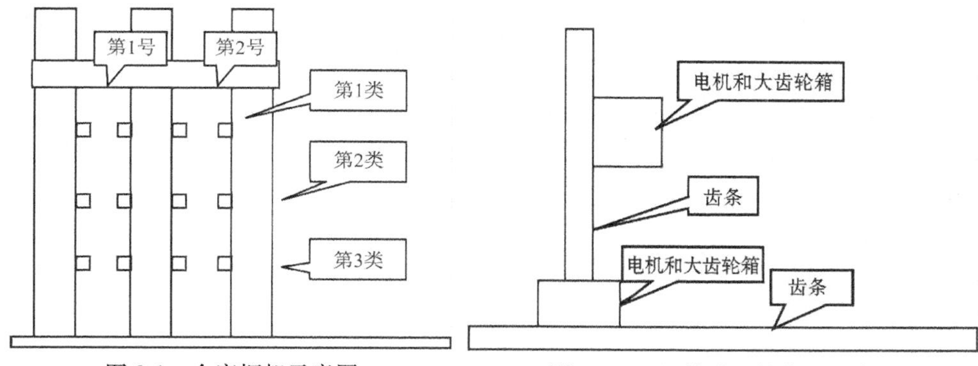

图 8-1　仓库框架示意图　　　图 8-2　两组传动机构位置示意图

2. 存取动作

1）概念

存放动作就是将货物运送到指定位置并放进存放空间中，取出动作则是前往货物的存放区域将其取出后送至指定位置。

2）设计

首先对比 3 个可行的方案。

(1) 机械手。机械手的结构设计可以从慧鱼工业机器人系列的搭建手册上找到。

优点：有图可循，设计成熟，稳定性高，可以实现多种动作及功能。

缺点：太大，对存储空间的大小要求比较高；太重，对于定位装置的驱动力要求太高。机构复杂，由于只用一个驱动电机不能同时实现位置改变以及机械手的夹放动作。所以要用到两套驱动装置，一个用于驱动机械手伸进伸出存储空间，一个用于控制机械手的开合。

(2) 转动伸缩臂。其主要结构设计如图 8-3 所示。

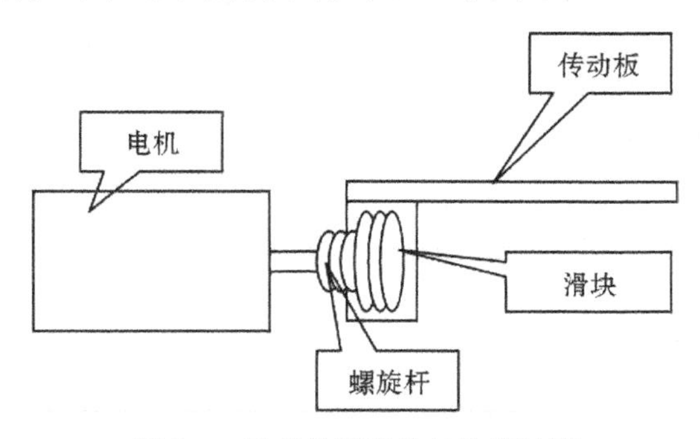

图 8-3　转动伸缩臂的结构设计图

优点:只使用一个驱动电机,体积较小,质量也比较轻。相对于机械手,其设计简洁很多。

缺点:即使在两侧设计了很多护栏装置,当电机转动时传动板还是会有强烈的振动,不适合放置货物。如果是实际应用,这个问题也许比较好解决,在模型设计中不实用。

(3) 传动臂。其主要结构设计如图 8-4 所示。

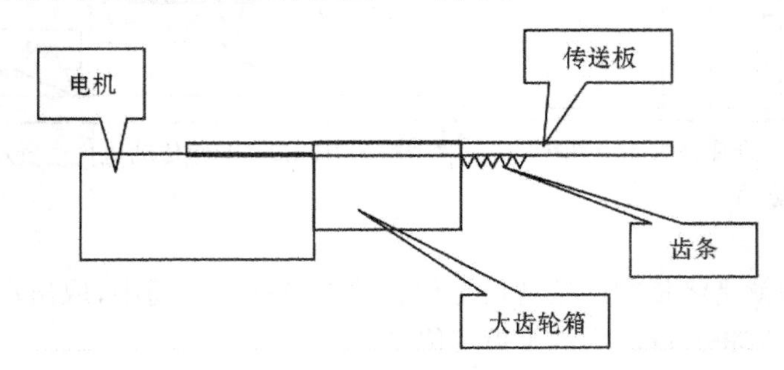

图 8-4　传动臂的结构设计图

优点:由于使用了一个齿轮箱以及齿条进行缓冲,传送板的振动已经基本消除。同时结构更加简洁,使用的驱动电机也只有一个,减轻了自身重量。

缺点:对机构设计要求较高,如齿条跟齿轮箱之间的设计不合理、接触不紧就很容易出现无法稳定运行或者零件脱落的情况。

根据现有的条件,最后经过权衡利弊,确定选择第三种方案。

8.1.3　实现功能简介

以货物的存放为例,这里涉及如下几个基本过程:

(1) 系统启动后,先进行初始化,机械臂移动到初始位置。

(2) 当货物放上传送板后,首先在触发开关 I1～I3 之中按下其中一个,确定货物的种类。如果与负责货物识别的机器人合起来使用,那么可以直接由识别系统将分类结果“告知”仓储系统。

(3) 确定要将货物放置的位置。

(4) 触发存放开关,系统将货物放到指定位置。

(5) 机械臂回到初始位置。

货物识别的参考程序如图 8-5 所示。

定位时,由于受端口个数限制,这里仍然使用数字量输入 I1～I3 来检查机械臂是否移动到指定位置。其基本参考程序如图 8-6 所示。

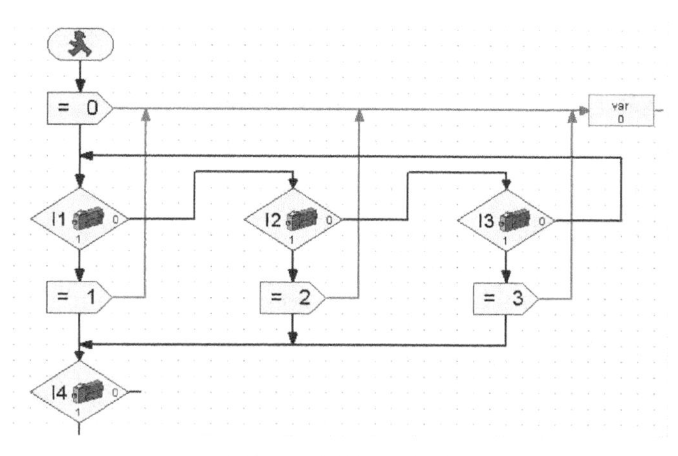

图 8-5　货物识别程序

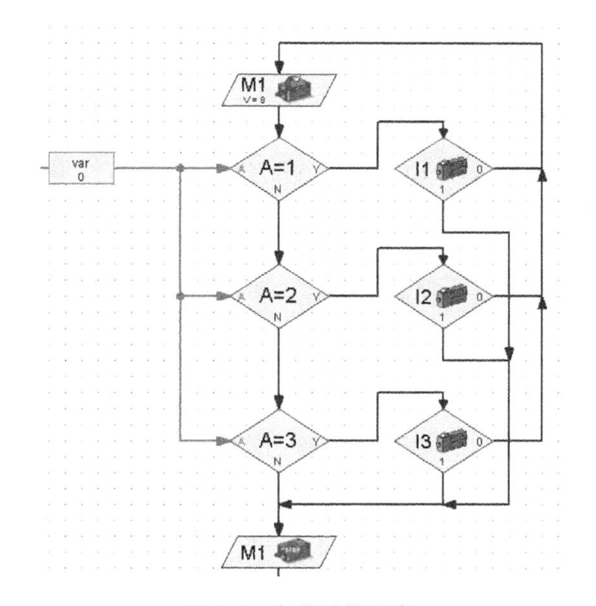

图 8-6　定位动作程序

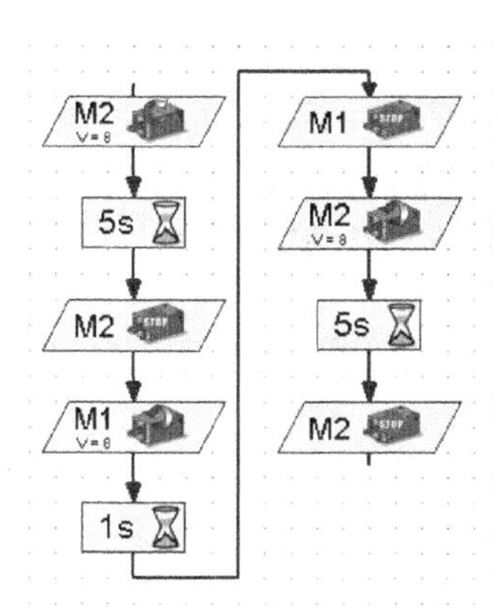

图 8-7　存取动作程序

最后是存取动作，其基本程序如图 8-7 所示。

取出的功能和操作与存放相反，这里略去不写。另外，还可以扩展出货物交换、货物种类自动识别、示教再现等功能，有兴趣的读者可以试着设计并编写相关的程序。

8.1.4　设计难点

(1) 电机运转时间的控制。这里使用的是延时指令，这在实际操作中会很难把握，因为正转跟反转的速度总是有些误差。改进方法是使用一个开关作为脉冲计数开关，可以更准确的定位，为了用足资源实现更多的功能，还需对控制器的端口分配做一番优化。

(2) 自动记忆和识别。这是机器人智能化的基本要求，当仓位 1 已经放有货物时，要再放入货物，最简单的方法是用人进行判断并触发仓位 2 的开关来实现。但是作为智能化的机器人应该是系统内部能够记住、识别哪些仓位放有货物，哪些仓位还可以存放，并且可以按照就近原则优化路径，这样既可以省去一些人为的输入，也可以节省运行时间、提高效率。

(3) 与其他机器人互联互动。立体仓库存储系统通常与货物自动识别分类、货物自动打包和搬运等系统关系密切，如何能实现它们之间的互动和配合，使这套系统更加完善，要思考的地方还有许多。

8.1.5　制作总结

整个制作是使用各类慧鱼构件和开发环境 ROBO Pro 配合实现的，软件编程逻辑容易掌握，非常利于初学者使用，但是在复杂系统中，对于越来越高级的程序编写却总是无能为力，有些编程思想用 C 语言等代码是可以很容易写出来，但是用这个程序就显得比较繁琐。最重要的是单块控制器上的输入和输出的端口个数有限，不利于复杂模型的设计和控制。

8.2　机器人的 PLC 控制

使用慧鱼构件制作的机器人，不仅可以使用专用的智能接口板、ROBO 接口板和 ROBO TX 控制器进行控制，还可以与其他的控制器兼容，例如 PLC。下面主要介绍 PLC 接口板的使用方法，并结合 PLC 控制慧鱼机器人的实例来说明，为读者将来进行功能扩展时提供一个方向。

8.2.1　PLC 简介

Programmable Logic Controller(可编程逻辑控制器)，简称 PLC，是以微处理器为基础的通用工业控制装置，是专为在工业环境下应用而设计的一种数字运算操作的电子装置，是带有存储器、可以编制程序的控制器(见图 8-8)。PLC 能够存储和执行指令，进行逻辑运算、顺序控制、定时、计数和算术等操作，并通过数字式和模拟式的输入输出，控制各种类型的机械和生产过程。

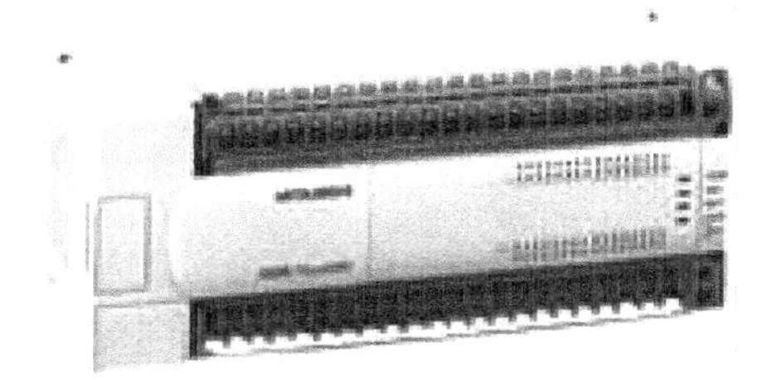

图 8-8 三菱 FX2N 系列 PLC

PLC 具有应用面广、功能强大、使用方便等优点，已经成为当代工业自动化的主要装备之一，在工业生产的相关领域得到了广泛的应用。PLC 与机器人、计算机辅助设计制造一起称为现代工业的三大支柱。由慧鱼构件组装而成的各种机器人模型，同样完全适用于 PLC 控制，为复原自动化过程，展示控制逻辑和运行原理提供极佳的平台。

8.2.2 机器人与 PLC 的连接

慧鱼机器人构件与 PLC 连接有两种方法：一种是使用慧鱼自带的 PLC 接口板；另一种是使用导线，一端接在控制元件上，另一端直接与 PLC 的输入或输出口相连接，具体接法可以参考 PLC 配套的用户手册。注意为慧鱼标准电气元件供电时，为了避免缩短元件的使用寿命，需要使用直流 9V 的电源。这里主要介绍慧鱼 PLC 接口板的使用方法。

PLC 接口板具有电平转换以及大功率驱动的功能，可以直接与慧鱼标准电气元件相连接，从而控制机器人动作。

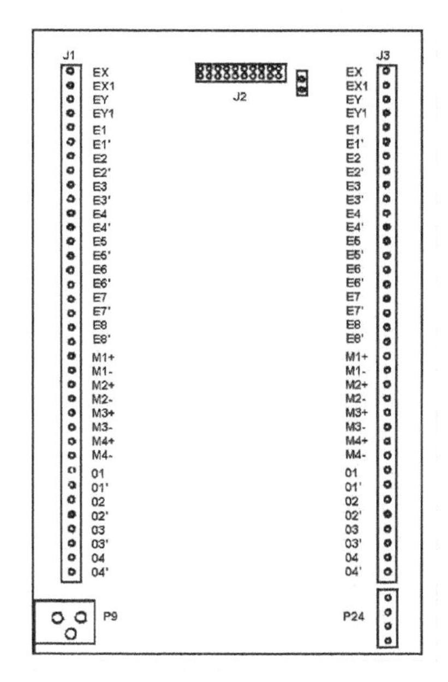

图 8-9 PLC 接口板位置结构图

PLC 接口板位置结构示意图如图 8-9 所示，主要包括 J1，J2，J3，P9，P24 这五个区域，其中，左侧 J1 为与慧鱼电气元件连接的接口；中间 J2 为与慧鱼并行接口板直接相连接的插座；右侧 J3 为与 PLC 或其他工业控制器的连接接口；左下角 P9 处为直流 9V 电源适配器接口，中心为＋9V；右下角 P24 处为 2 组直流 24V 电源接口，由上至下分别接 24V、24V 地，24V、24V 地。

J1 与 J2 的接线区域一一对应,有时为了布线整齐,可以将原本需要连接至 J1 的慧鱼元件统一接至并行接口板,然后用排线连接到 J2。在 J1 区域中,EX,EX1,EY,EY1,…,E8,E8′与 J3 区域中的 EX,EX1,EY,EY1,…,E8,E8′一一对应连接;M1+,M1-,…,M4+,M4-与 J3 区域中的 M1+,M1-,…,M4+,M4-有如图 8-10 所示的连接关系:

当 M1+处连接 24V 地时,电机电流按图 8-10(a)方向流过,定义为电机正转;当 M1-处连接 24V 地时,电机电流按图 8-10(b)方向流过,即电机反转。

注意:不能将 M1+和 M1-同时连接 24V 地,此时电源会短路。

01,01′,…,04,04′与 J3 区域中的 01,01′,…,04,04′为光隔离接口,实现将 9V 传感器状态反馈到 24V 控制器的功能。

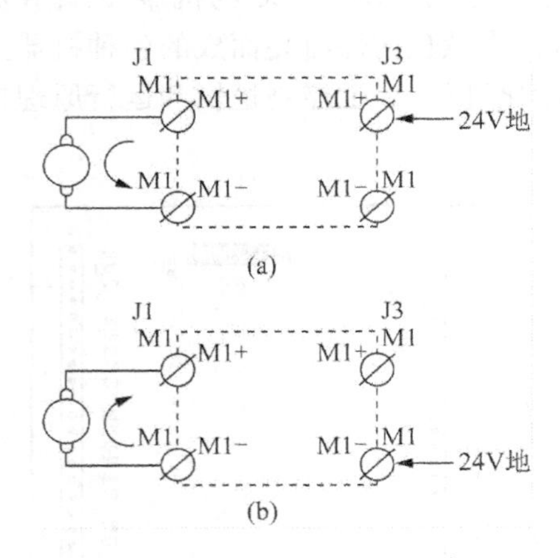

图 8-10 J1 区域电流方向与 J3 区域低电平的关系

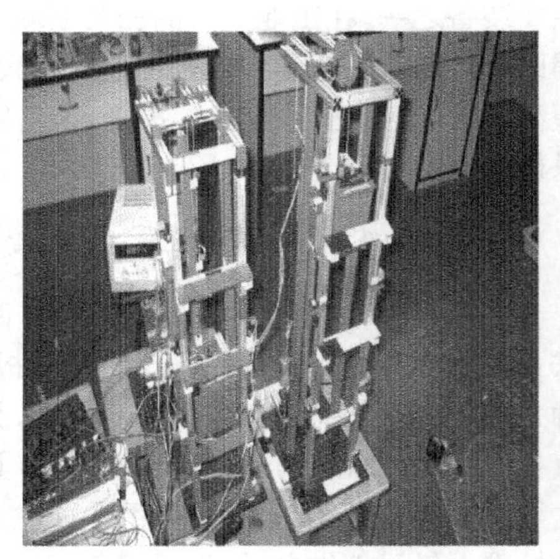

图 8-11 慧鱼双电梯系统

8.2.3 慧鱼电梯群控

此实例基于慧鱼构件搭建了多电梯仿真模型(见图 8-11),通过对三菱 FX2N 系列 PLC 编程,实现群控,令双电梯协调工作。该系统具有结构简单、建模方便、性能可靠、易于扩展研究内容、易于仿真演示等优点。本节不再详细描述 PLC 编程语言,仅介绍一种设计思想,代码编写请参考三菱 FX2N 系列 PLC 用户手册。

1. *系统概况*

该系统由 PLC 和两部四层电梯组成。

PLC 输入端为 X,输入信号为数字信号,输出端为 Y,输出数字信号控制电机的起停和转向切换。

PLC的外接电源为220V 50Hz交流电源。

2. 慧鱼电梯设计

在双电梯系统中,两部电梯共用一组楼层中的呼叫开关,在这些开关中,一层只有上升呼叫,四层只有下降呼叫,二层、三层分别有上升和下降呼叫。这些开关的作用是电梯轿厢外的用户向电梯发出上楼或下楼的呼叫请求。在每层的呼叫开关处有表示呼叫方向的指示灯,用来显示电梯轿厢到达之前的呼叫请求。

电梯轿厢的内部有目的楼层开关,用来使轿厢里的用户选择要前往的楼层。关门和开门开关是在电梯轿厢停止运行的条件下有效,作用是在紧急情况下延长轿厢门的开启时间,或提前关闭轿厢门。

电梯轿厢上的开门、关门限位开关用来感知当前轿厢门的状态,即门处于开启状态时开门限位开关被按下,门处于关闭状态时,关门限位开关被按下。若都没有按下,则轿厢门处于开或关的过程中。电梯轿厢上的电机通过正转或反转的方式实现轿厢门的开启或关闭。

在双电梯模型中每层楼都有一个相对应的定位开关,这些开关用来感知电梯轿厢当前所处的楼层。

所有的开关均为数字信号,并且使用常开触点,即闭合为1、断开为0,接入PLC的X端,双电梯系统中的4个电机(2个升降电机、2个门控电机)和每层呼叫开关的指示灯接入Y端,受PLC控制,协调两部电梯的升降、开关门并显示呼叫信息。

系统组成结构如图8-12所示。

3. 电梯运行控制思想

单个电梯运行的控制逻辑如图8-13所示。

4. 优先级的设定

为了实现多电梯的最优控制,达到节能、省时的要求,当A,B两部电梯处于不同状态时,分别设计如下的行动优先级:

(1) A,B均不载客时,两电梯静止。

a. A,B均在同一楼层时,若有人呼叫则应该是A优先响应。

b. 对于A,B不在同一楼层的情况下近者优先。例如:A在1层,B在4层,这时3层呼叫(向上或向下)则应该由B响应呼叫信号。

(2) 若A,B有一载客时,设A载客,A在运行中。

a. 若A的运行方向与呼叫的方向相反时。例如,A向上运动,而呼叫信号是向下的,则A不响应呼叫,而由B响应。

b. 若A的方向与呼叫的方向一致时:

(a) 若A尚未到达呼叫楼层,则由A响应呼叫。

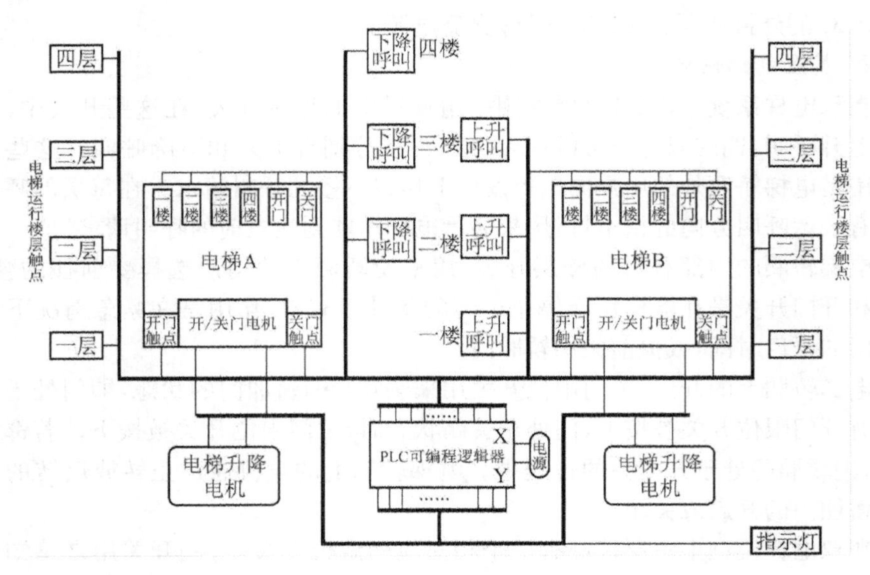

图 8-12　双电梯模型结构组成

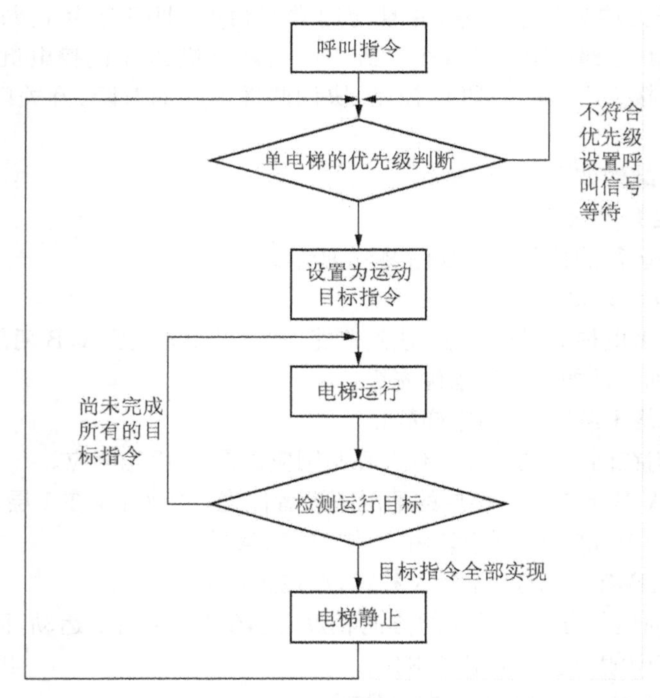

图 8-13　单电梯控制流程

(b) 若 A 已经超越呼叫楼层，则由 B 响应呼叫。

若 B 载客运行，A 静止时，优先级设置与上面的设置类似。

(3) 若 A、B 均载客。

a. A，B 的运行方向同向时，A 或 B 只响应与其运行方向一致且在其运行前方的呼叫。由运行中距离呼叫楼层近的电梯优先响应，若一样远近则由 A 优先响应。

b. A，B 的运行方向同向时，A，B 均不响应与其运行反方向或在其运行后方的呼叫信号。这时由最先执行完所有任务的电梯执行此呼叫响应。

c. A，B 的运行方向相反时，A 或 B 只响应与其运行方向一致且在其运行前方的呼叫。电梯不执行与其中任何一台轿厢运行方向相反或在其运行后方的呼叫。这时等待最先执行完所有任务的电梯执行此呼叫响应。

5. 双电梯控制的实现

根据上面设定的优先级，按照图 8-14 的控制流程，最终编写出 PLC 程序，实现慧鱼电梯的群控。

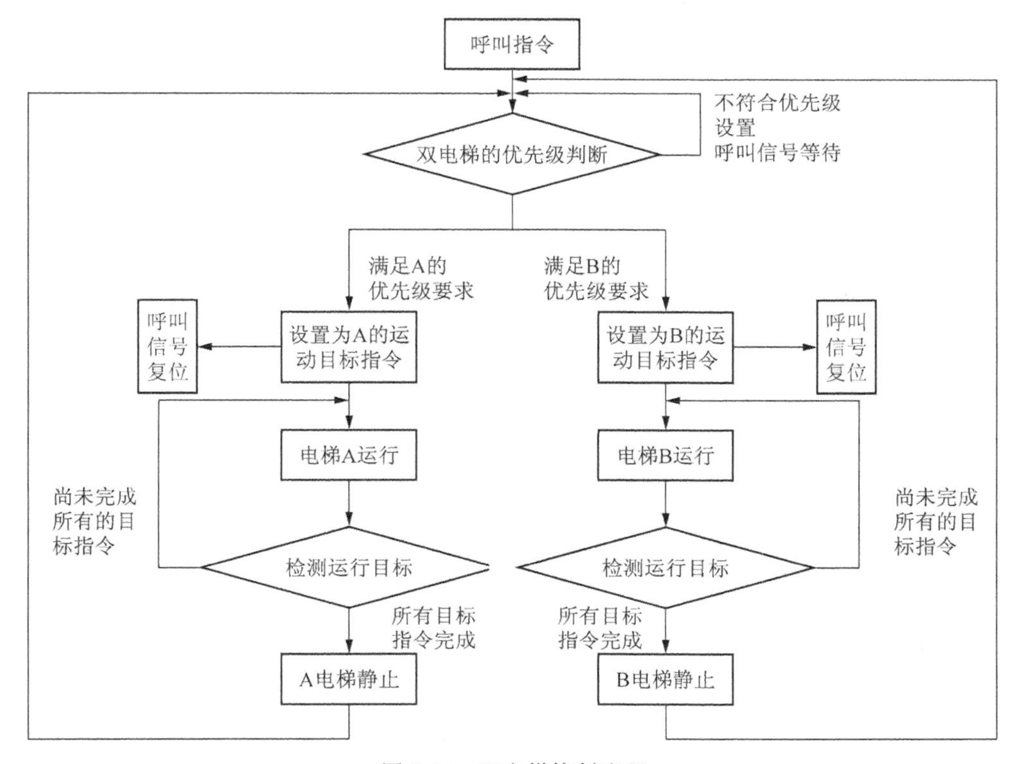

图 8-14　双电梯控制流程

附录1　慧鱼机械模型

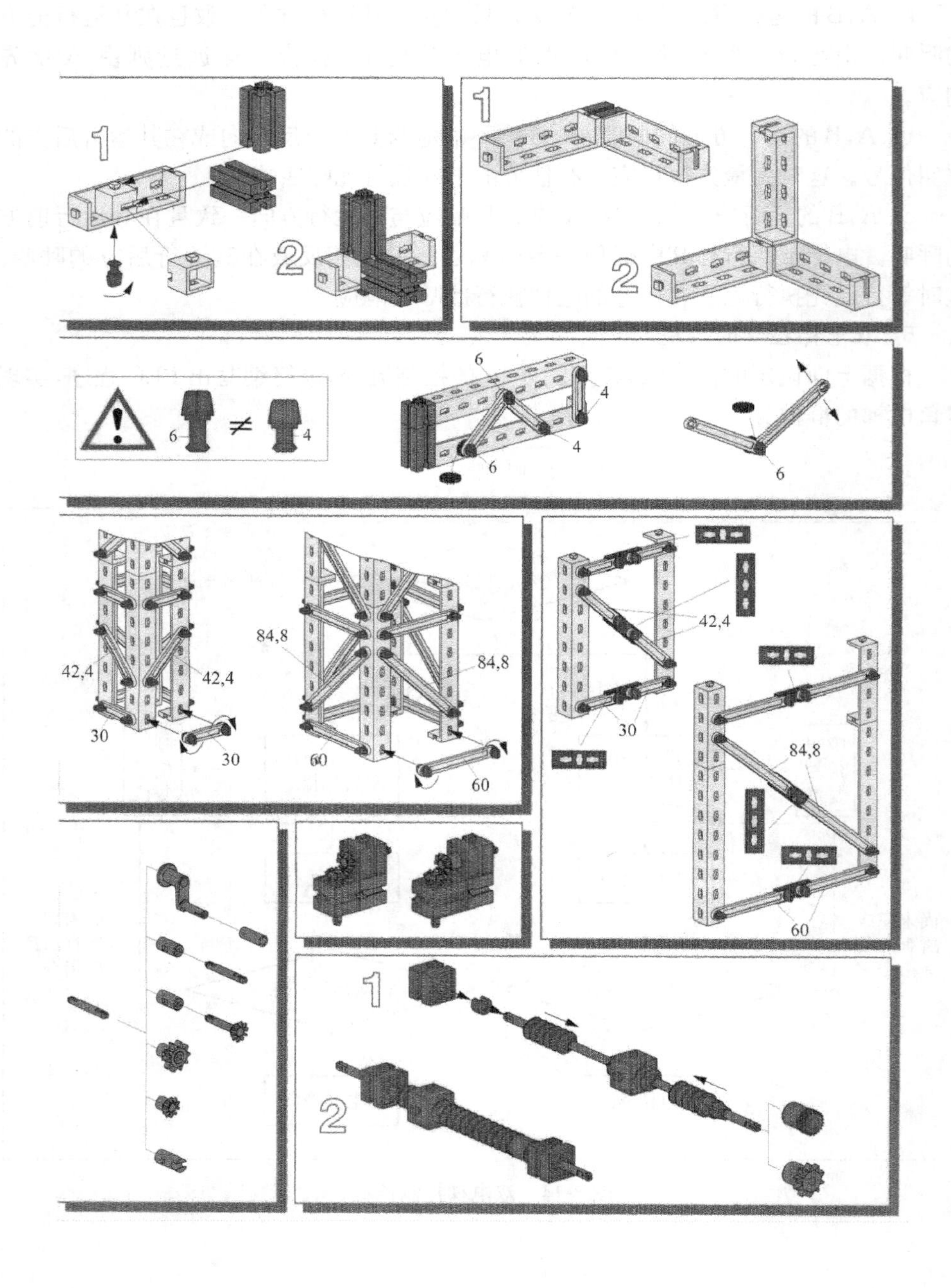

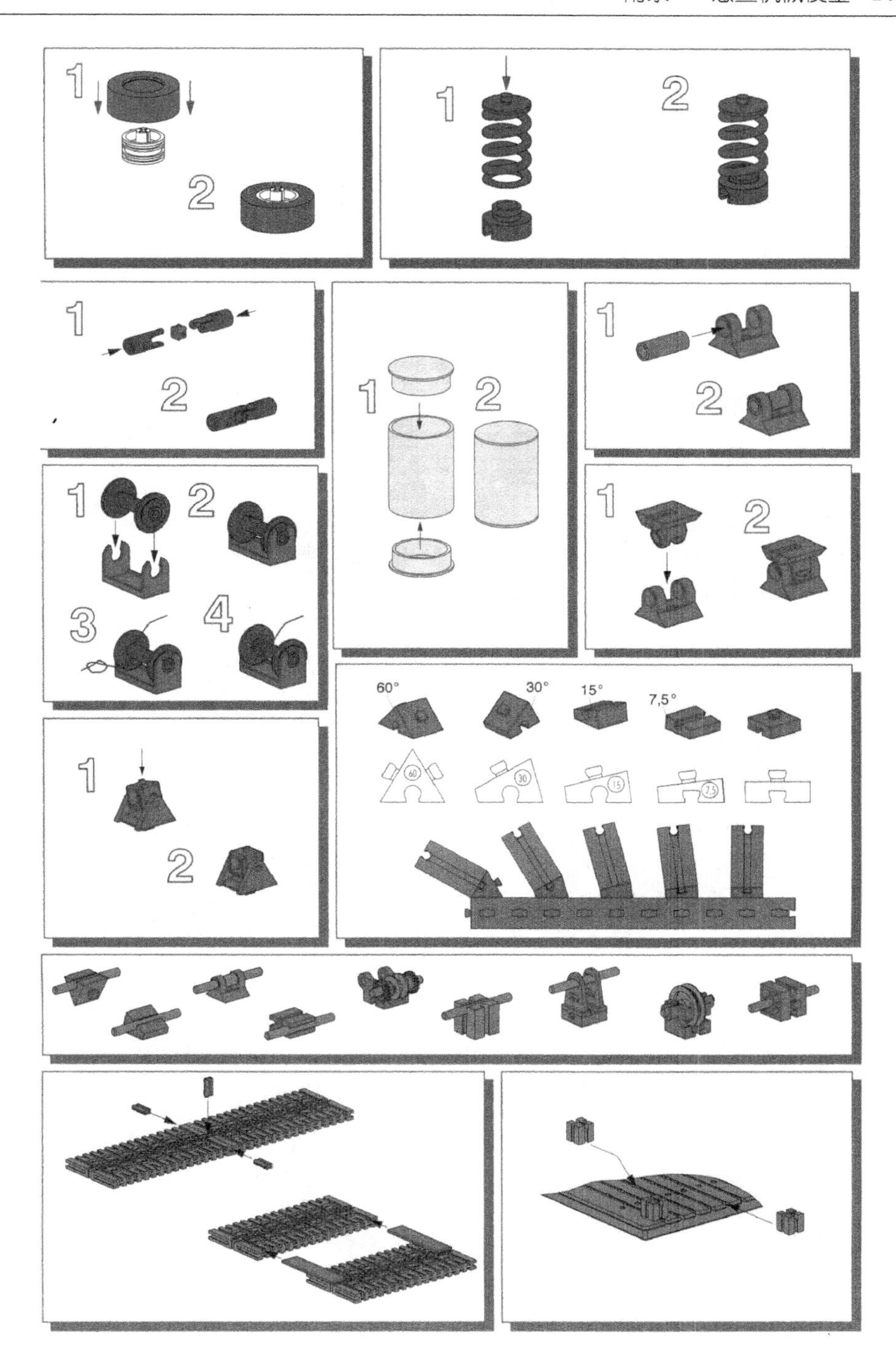
1
2
1
2
1
2
1
2
1
2
1
2
3
4
1
2
1
2
60°
30°
15°
7,5°
60
30
15
7,5

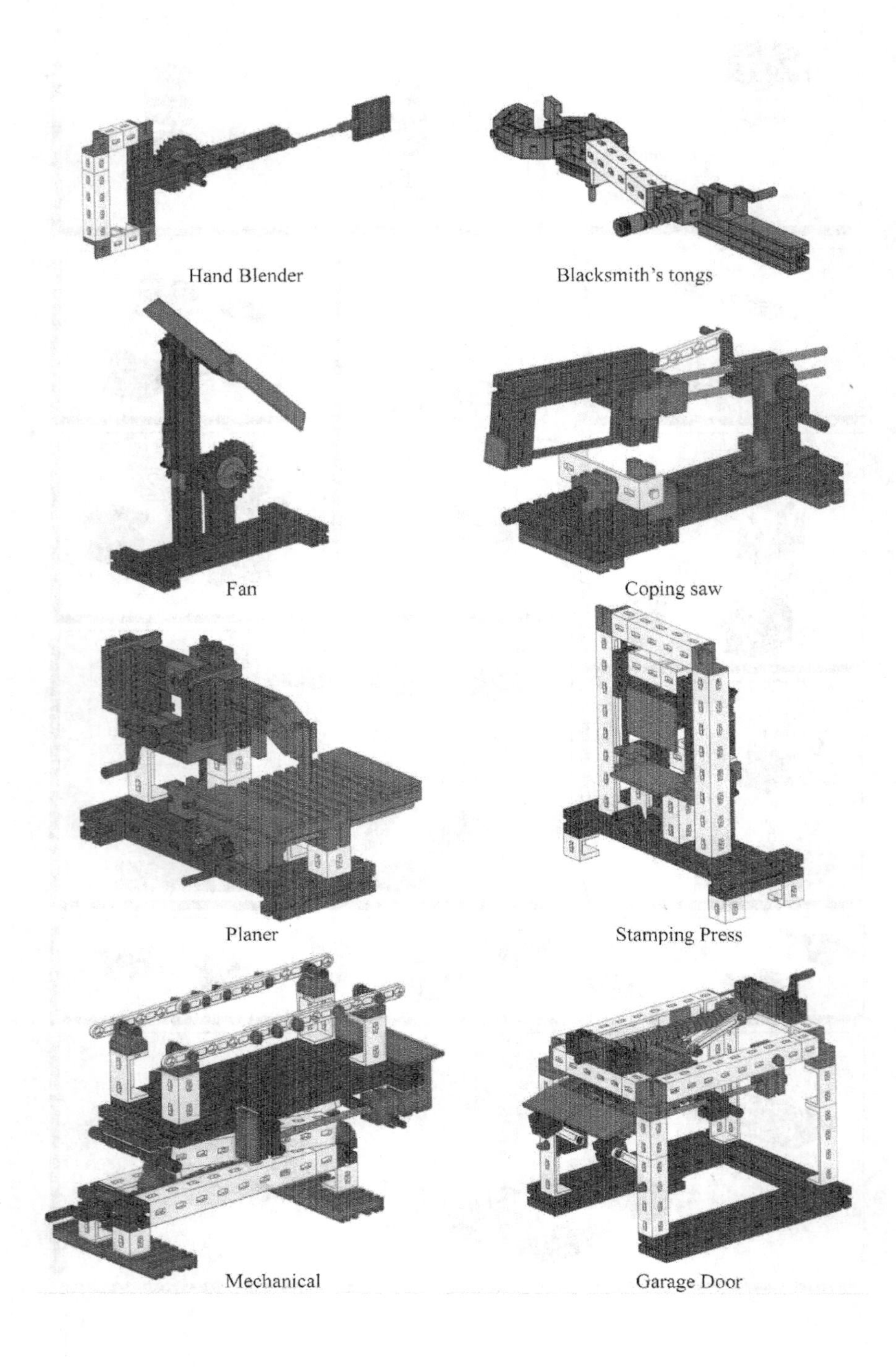

Hand Blender

Blacksmith's tongs

Fan

Coping saw

Planer

Stamping Press

Mechanical

Garage Door

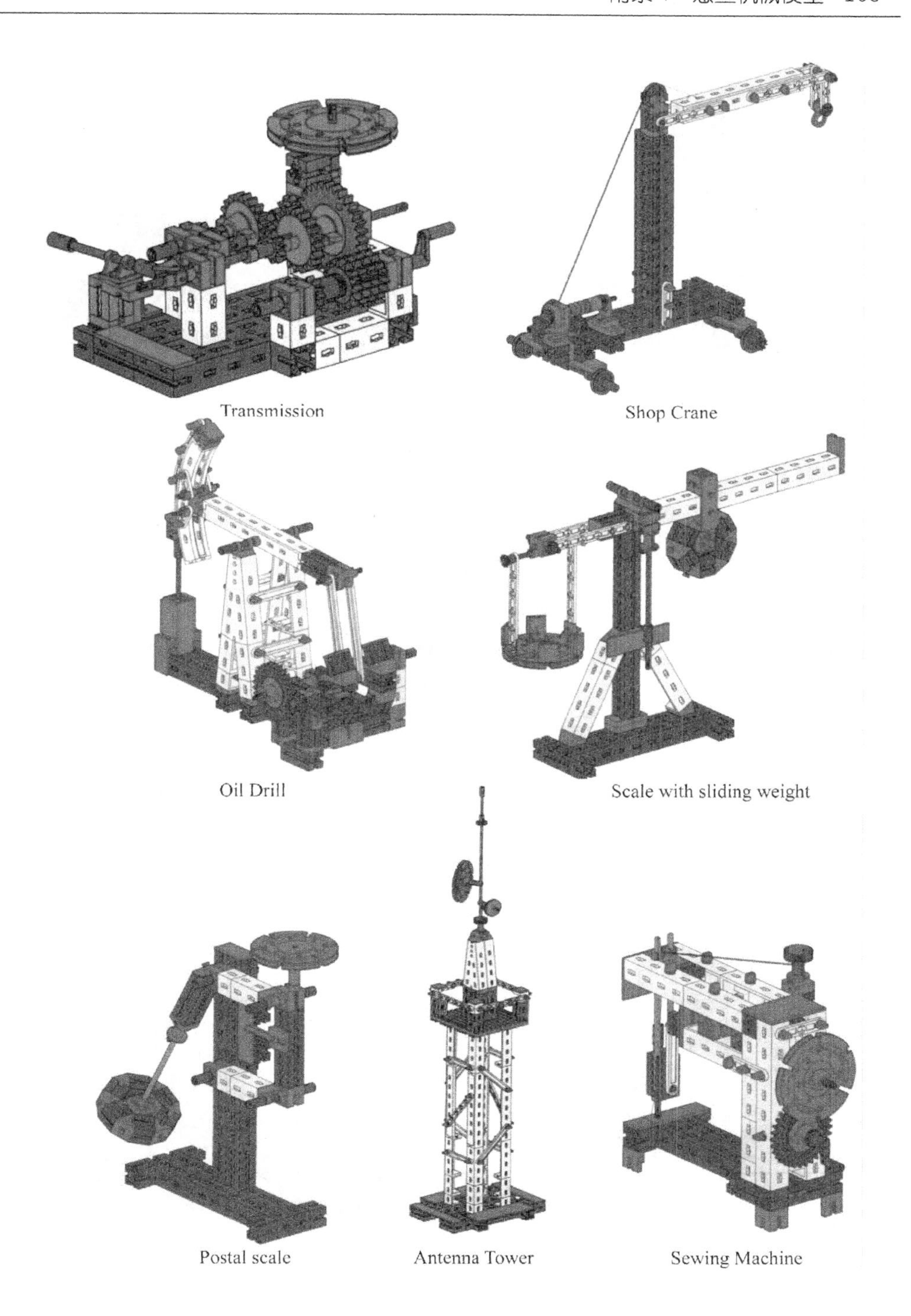

Transmission　Shop Crane

Oil Drill　Scale with sliding weight

Postal scale　Antenna Tower　Sewing Machine

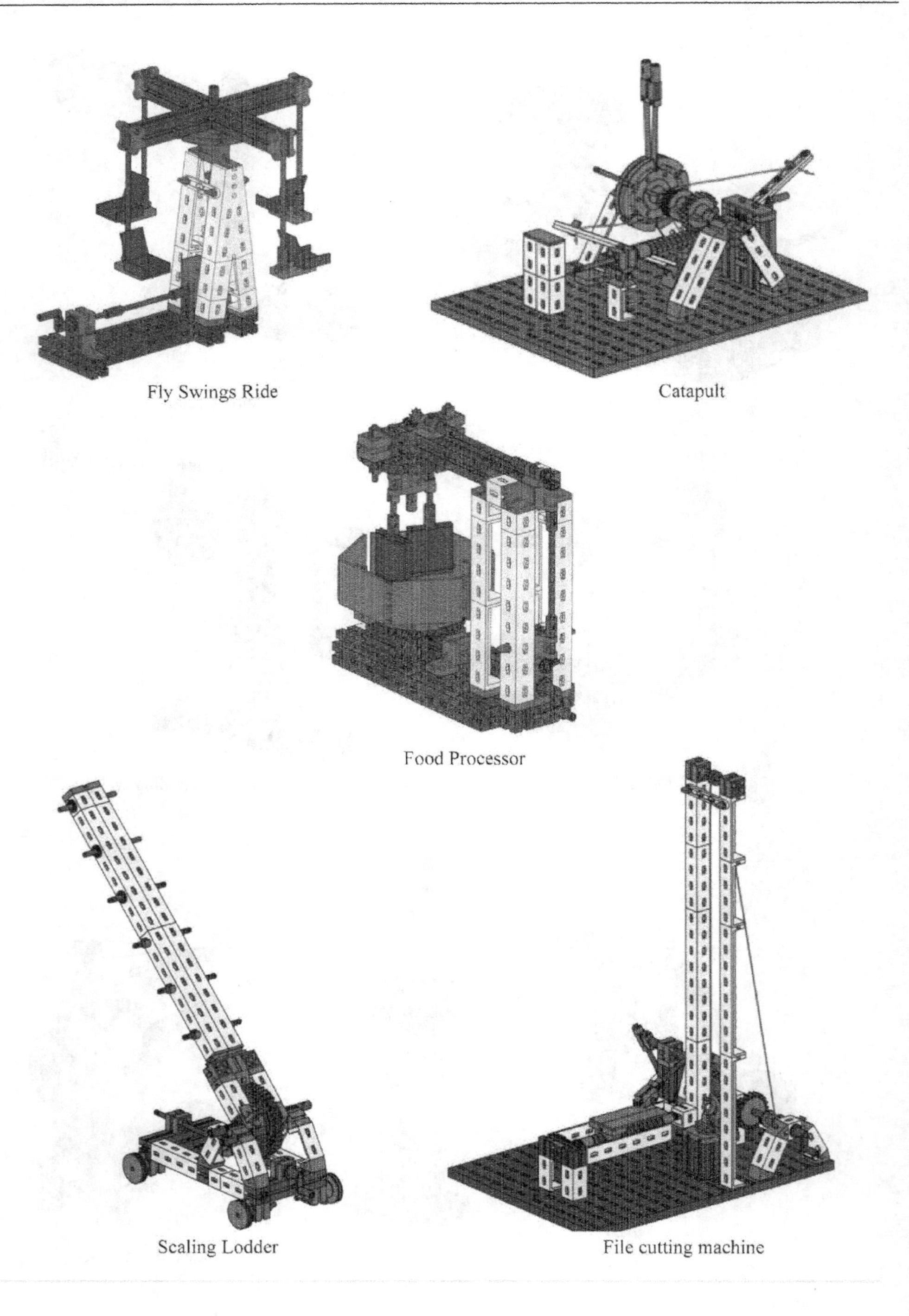

Fly Swings Ride

Catapult

Food Processor

Scaling Lodder

File cutting machine

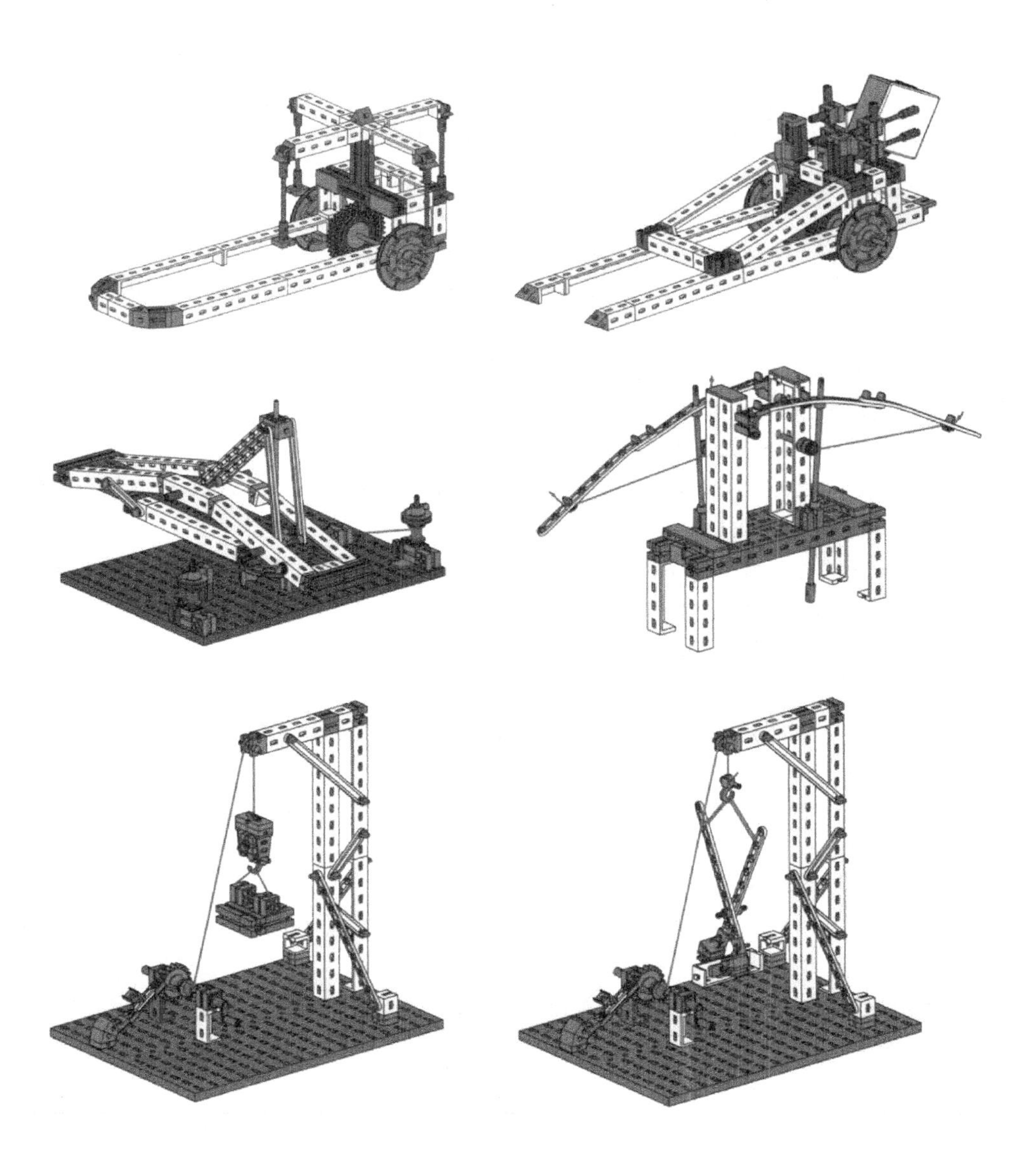

附录 2　确定机器人设计的主题

【选题前提】

设计的机器人应该有一定的实用性和优越性，以更好地改善人们的生活为前提。

结构上能够尽量简化且不会影响使用，除非有特殊原因和用途，一般不提倡设计结构复杂、耗能高、效率低的机器人。

设定主题时，可从如下几点出发，进行设计：

(1) 模拟生活中出现的先进机器人。可以模拟出先进机器人的基本动作，模拟的对象有教学示范的意义。

(2) 改进现有机器人。应该有一定的实用性和优越性，如机构简单或功能创新等，改进后能更好地为人们服务。

(3) 能完成特殊挑战任务的机器人。

【选题要求】

挑战任务的选择应具备一定的难度，有现实意义，机构尽量简单。

【选题提示】

可以在如下领域中选择并完成最终的机器人机构制作，加上适当的动作控制，实现相应功能：

(1) 生活休闲领域。

自动售货机　　(难点：货币的识别和找零的逻辑)

可控轮椅　　(难点：功能的设定)

街边的各种投币式抓娃娃机，推娃娃机，弹子球游戏机等　(难点：机构的设计)

制作适当的模型，模拟出全部动作

(2) 工业生产领域。

3×3 小型自动立体仓库的制作　　(难点：程序逻辑)

流水线加工中心　　(难点：机构的设计)

履带传送式升降台　　(难点：机构的设计)

无人车间 AGV 货物搬运车，可实现货物搬运，根据轨迹行走、停靠，自动识别障碍、运送货物等功能　　(难点：程序逻辑)

(3) 其他挑战题目(部分选自工程问题挑战赛)。

扫地机器人

蛇形机器人

在不平表面行进的轮式攀登车

机器人蜘蛛，多腿伸缩变向前进

两种形态之间的变形转换

机器人青虫，采用青菜虫式的多足蠕动方式前进，整体结构是模块化的，可以在管道中、坎坷的路面爬行

(4) 全国大学生机械创新设计大赛慧鱼主题。

健康与爱心——助残机械、康复机械、健身机械、运动训练机械

绿色与环境——环保机械、环卫机械、厨卫机械

珍爱生命，奉献社会——在突发灾难中，用于救援、破障、逃生、避难的机械产品

幸福生活之今天和明天——休闲娱乐机械和家庭用机械的设计和制作

幻·梦课堂——教室用设备和教具的设计与制作

(5) 自主创意的机器人设计。

鼓励读者跳出所给范围，开动脑筋，自定设计主题，创造出新颖实用的机器人。只要结构新颖、能实现一定的功能，同时应具备一定的设计难度和操作的可行性，都不失为一个成功的机器人作品。

【备注】

选题后建议留存一份材料，内容包括：设计主题，主要机构和功能、设计原理或设计思路，设计方案和分工，输入输出主要元件数量估算(如传感器、电机、指示灯等)，以及其他认为需要额外说明的事项。

在机器人制作时随时保留设计的文档和各种资料，方便日后参考和修正。

【文档】

撰写一份专门的书面设计报告，为自己的工作做一个总结，介绍该作品的特点和制作过程。

内容通常由以下几个方面构成：

(1) 作品标题。

(2) 姓名等制作者的个人资料。

(3) 选题意义和目的。

(4) 结构方案设计。

(5) 实现功能简介。

(6) 本人在该作品制作时的主要工作描述。

(7) 整个设计制作过程中的心得体会，包括最终作品的优缺点、改进扩展和本人的收获。

(8) 总结及其他参考资料。

(9) 附录(包括主要构件的结构设计示意图、控制程序及思路上的必要解释等)。

(10) 参考文献。

(11) 致谢。

【其他】

当作品要进行展示时,可以设计一个作品铭牌或者如下的作品简介表,向其他人介绍该作品。

主题名称	
作品简介	
制作难点及攻克方案	
机构主要创新点	
基本功能	
应用前景和领域	

附录3　作品自评标准

主题名称	中文名/English Name
项目创意:10 A:6～10 B:0～5	A:立意新颖,在主题、机构或功能等至少某一方面有创新的想法且适用该作品 B:基本看不出有新颖的创意或所占比例很细微,创意并不适用该作品
独创性:20 A:16～20 B:11～15 C:6～10 D:0～5	A:独立制作比例不低于总作品 90% B:独立制作比例不低于总作品 75% C:独立制作比例不低于总作品 50% D:无完整作品或主要依靠慧鱼装配图等资料的辅助,独立制作部分所占比例少于 50%
机构设计:30 A:26～30 B:21～25 C:16～20 D:11～15 E:6～10 F:0～5	A:样式新颖,组成合理,作品完整,工艺精致,外形美观,走线整齐、排列有序。机构没有部件多余或重复等浪费情况出现,与要实现的功能相辅相成,配合度高,稳定性好。运动演示时不容易损坏或形变,零件无脱落 B:作品完整但外形欠美观。零件基本没有冗余,可以与功能配合运行,运动演示时基本稳定,结实,零件无脱落。完整运行过程中机构需要重新调整或用手辅助 1～2 次 C:作品基本完整、外形简陋或只是简单重复,基本上可以与功能相配合。演示时欠稳定,易形变或有些许零件散落。完整运行过程中机构需要重新调整或用手辅助 3～5 次 D:所设计的机构基本上可以运行,但稳定性较差,完整运行过程中需要重新调整或用手辅助 6～8 次 E:所设计的机构稳定性差,无法独立正常运行,运行过程中该机构的作用需要用手辅助才能实现,重试、辅助次数超过 8 次 F:机构不完整,无法配合实现相关动作或制作时过多依赖安装手册辅助,结构基本没有改动,导致没有任何独创新的机构可做评价
实现功能:25 A:21～25 B:16～20 C:11～15 D:6～10 E:0～5	A:作品功能完善,分工明确,动作到位,可以将作品主题涉及的各项性能系统的、完整的实现出来,演示时稳定基本没有差错 B:功能基本完善,动作基本到位,演示时比较稳定,可能出现些许小差错,但可自动调整避免差错扩大导致作品失控、自身受损 C:可以实现些基本功能,将作品的基础主题表达出来,功能演示时基本稳定,运行时可能会失控,需手动辅助调整纠错 D:只有较少或一些简单功能得以实现,基本功能理论上可行但演示时无法直接验证,运行时有较大可能会失控,经常需手动辅助完成动作 E:功能不能实现,无法控制,无稳定的、可演示的独立动作
实用程度:15 A:11～15 B:6～10 C:0～5	A:作品机构和功能均实用,可实际演示,有扩展和开发的潜力,使用前景广,利用程度高 B:作品机构或功能基本可使用,可做演示,但实际使用性能不高 C:基本只是理论上可行,不能直接使用或无法实际推广和利用

附录 4　ROBO TX 控制器设置菜单

1. 菜单概览

英语是出厂初始设置,可通过菜单 Menu | Settings | Language 进行语言选择和设定。暂不支持中文。

• 按下左边选择按钮,选择框向下移动一行,连按两次可使选择框反向移动。在状态窗口中,左边选择按钮具有开始/停止功能。

• 按下右边选择按钮,确定选择框已选功能,进入下一级菜单或取消某一功能。

• 选择"Back(返回)"回到上一级菜单或回到主菜单窗口。

控制器各级菜单展开如下:

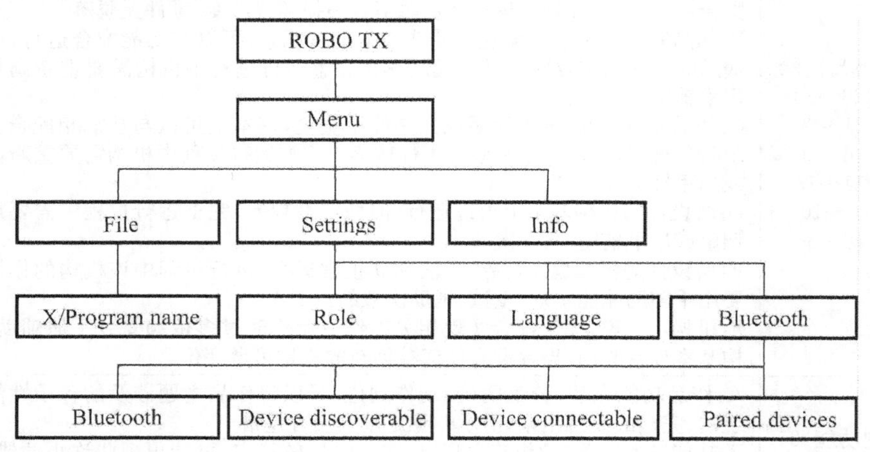

2. 菜单细目

下面详细展开每页的菜单,可在同一行中出现的其他文本将用"/"分隔。

(1) ROBO TX(状态窗口)。

• Local/Online(本地/联机)。本地:作为主控制器(Master)时与电脑没有数据交换或者作为扩展设备(Extension)时与主控制器没有连接。联机:作为主控制器时和电脑有数据交换或者作为扩展设备时已和主控制器连接。

• No program file loaded/Loaded(没有载入/已加载程序)。如有程序加载，Loaded后面将显示程序的名称。

• Master/Extension 1～8(主控制器/扩展设备)。显示该控制器被设定的是主控制器还是扩展设备功能，可通过菜单Menu | Settings | Role进行更改。

• Ext.(扩展设备)。当有扩展的控制器连接时，会显示扩展设备1,2,…,8的编号。

• Start/Stop(开始/停止)。启动或者停止程序。仅在程序从电脑下载到控制器时或从闪存区调用程序时显示。

• Menu(主菜单)。进入主菜单页面。详见菜单细目(2)。

(2) Menu(主菜单)。

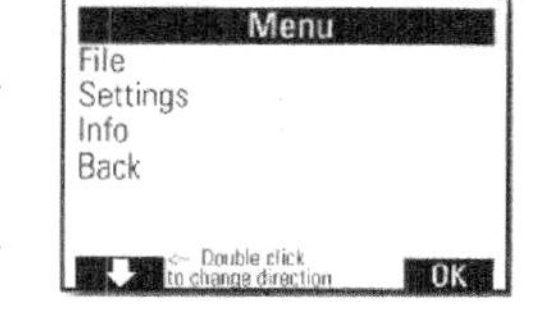

• File(文件)。进入下一级菜单选择程序文件。详见菜单细目(3)。

• Settings(设置)。进入下一级菜单进行设置。详见菜单细目(4)。

• Info(信息)。进入下一级菜单查看信息。详见菜单细目(5)。

(3) File(文件选择)。如果程序已经从电脑中下载到控制器中，这里将会显示，进入下一级菜单可以选择、启动或者删除它们。详见菜单细目(6)。

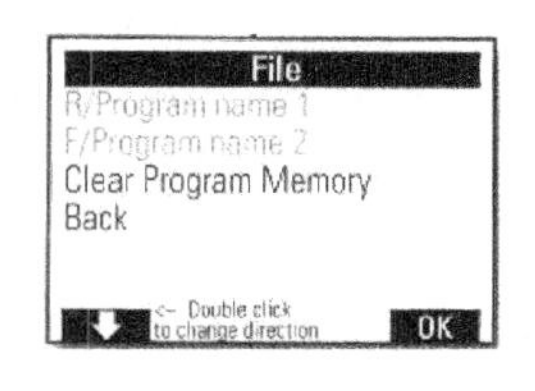

R/程序名表示程序文件存储在RAM存储器中；

F/程序名表示程序文件存储在FLASH存储器中；

程序名前出现AL/AS表示该文件设置了自动载入或者自动启动功能。

• Clear Program Memory(清空程序存储器)。可删除RAM存储器中的文件，FLASH存储器中文件仍保留。删除前会弹出确认对话框。

(4) Settings(设置)。

• Role(属性)。进入下一级菜单可以设置该控制器是主控制器还是扩展设备。详见菜单细目(7)。

• Language(语言)。进入下一级菜单选择语言。详见菜单细目(8)。

• Bluetooth(蓝牙)。进入下一级菜单设置蓝牙。详见菜单细目(9)。

• Restore defaults(恢复)。恢复出厂设置。

(5) Info(信息窗口)。

• Firmware(固件)。显示固件的版本号。

• Name(名称)。显示设备的名称。

• Bluetooth(蓝牙)。显示设备符合蓝牙标准的唯一识别号。

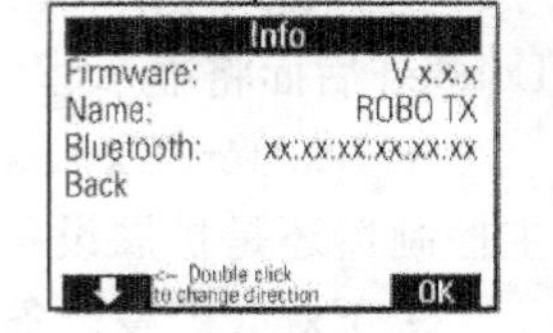

(6) X/Program name(程序文件)。

• Start(启动)。开始运行该程序。

• Load(加载)。将该程序加载到程序存储器,并可通过按钮确认开始运行。

• Auto Start(自动启动)。通电后,控制器启动,程序自动开始。

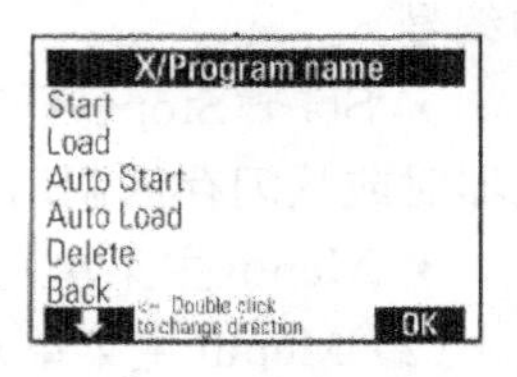

• Auto Load(自动加载)。通电后,程序自动加载到存储器,并可通过按钮确认开始运行。

• Delete(删除)。删除该程序,删除前会弹出确认对话框。

(7) Role(属性)。可以设置该控制器是主控制器,还是1,2,…,8的扩展设备。直接选择并用“OK”加以确认。

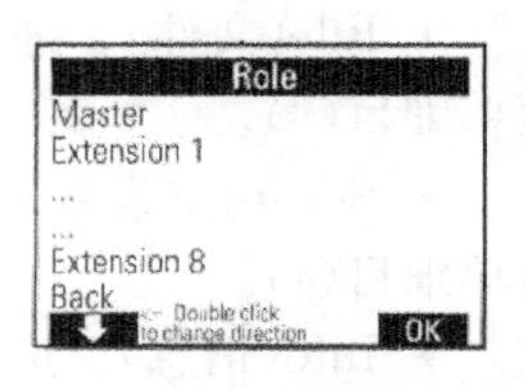

(8) Language(语言)。可以更改在液晶屏上使用的语言。直接选择并用“OK”加以确认。

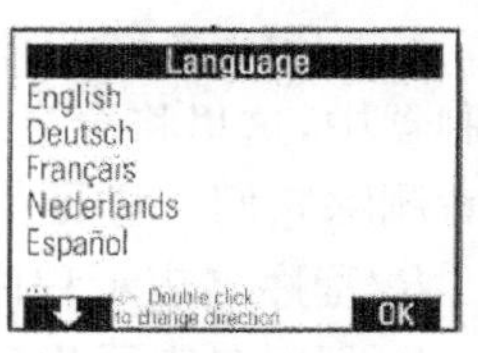

(9) Bluetooth(蓝牙)。

• Bluetooth(蓝牙)。进入下一级菜单设置开启或者关闭蓝牙功能。

• Device discoverable(设备识别)。进入下一级菜单,开启该功能后,其他蓝牙设备可识别ROBO TX控制器。

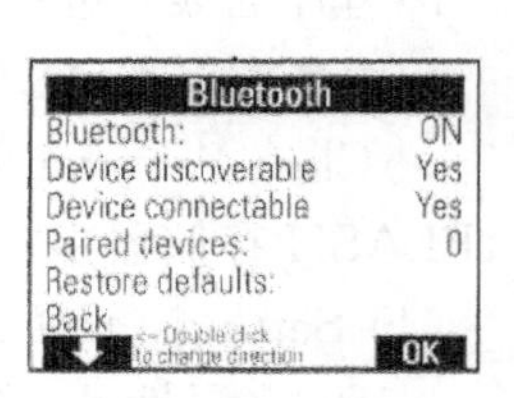

• Device connectable(设备连接)。进入下一级菜单,开启该功能后,控制器允许其他设备和它通过蓝牙进行连接。

• Paired devices(配对设备)。显示通过蓝牙和该控制器连接的设备数目。进入下一级菜单,可以全部清空。

• Restore defaults(恢复)。恢复出厂设置。

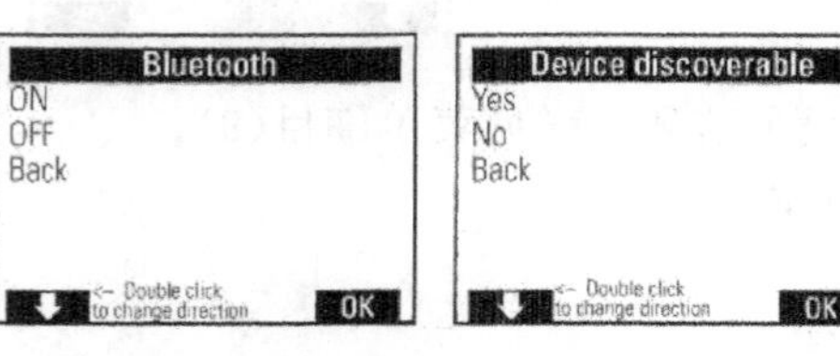

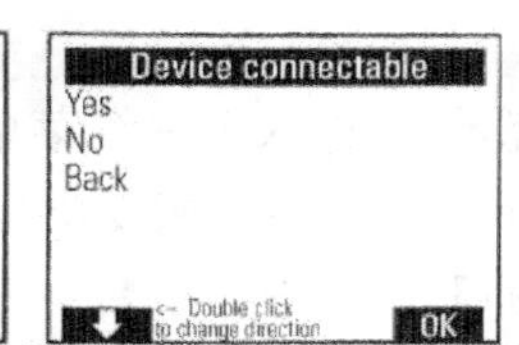

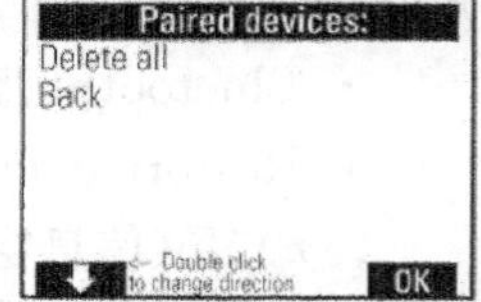

3. *启动程序*

将程序从电脑下载到控制器中,所有程序的开始状态都可通过菜单Menu |

Settings | File | R/Program name 或 F/program name | …进行个性化设置，如：自动启动或自动加载，程序存储在哪个区域等。此外，在 ROBO Pro 下载设置中程序可设置为自动开始，详见“5.6”节，按一下左边选择按钮可使程序停止。

附录 5 ROBO Pro 常见错误信息

(1) 输入端被重复定义。

Input mode for univeral input 1 in module IF1 is already set differently.

查找标示红框的模块，确认 I1～I8 端口的输入类型设置，同一编号必须保持一致。

(2) 输出端被重复定义。

Output mode for output 1 in module IF1 is already set differently.

查找标示红框的模块，确认 M1～M4/O1～O8 端口的类型设置，同一编号必须保持一致，而且同一组接线端上的 M 和 O 不能在程序中同时出现。例如，定义了 M1，程序中就不能再使用 O1 或 O2。

(3) 模块未找到。

The specified operating element could not be found.

面板操作模块与输入输出模块未正确关联。

(4) 数据类型不一致。

No attached input can handle messag'='.
Hint: In Level 4 and above, subprogram inputs have an
option to accept either only = commands or any command.

程序中出现了整数和浮点数两种数值，某些模块的输入端或输出端的数据类型设置不一致导致程序无法处理，可以将数据统一设置成一种类型，或者加入“数据类型转换”模块。

(5) 有孤立的“开始”模块。

The start symbol is not connected.

“开始”模块没有被连入进程，导致程序不能向下执行，需要将模块的出口正确连线，或者将多余的“开始”模块删除。

(6) 超出设定的进程数量。

The number of processes is too small.
Please increase the maximum number of processes in the property window of main program!

同时执行的进程数量过多，超出设定范围，可通过 property 界面修改最大进程数。

(7) 模块未接线。

The program element is not connected to a program flow path!
Please also check if you placed two elements on top of each other.

程序中有功能模块未被正确连接，将标示了红框的模块重新接线或者将多余的模块从程序中删除。

附录 6　蓝牙连接 ROBO TX

(1) 将蓝牙适配器连接到电脑的 USB 口，双击操作系统右下角蓝牙图标，启动蓝牙适配器。

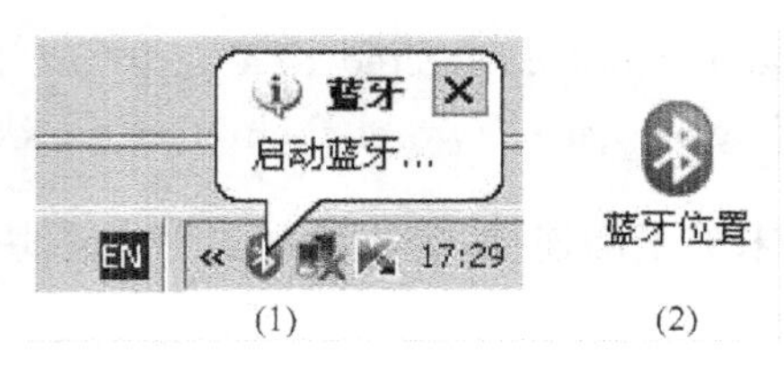

(1)　(2)

(2) 双击桌面图标，打开蓝牙位置。

(3) 系统将自动寻找周边所有的蓝牙设备，并显示如下：

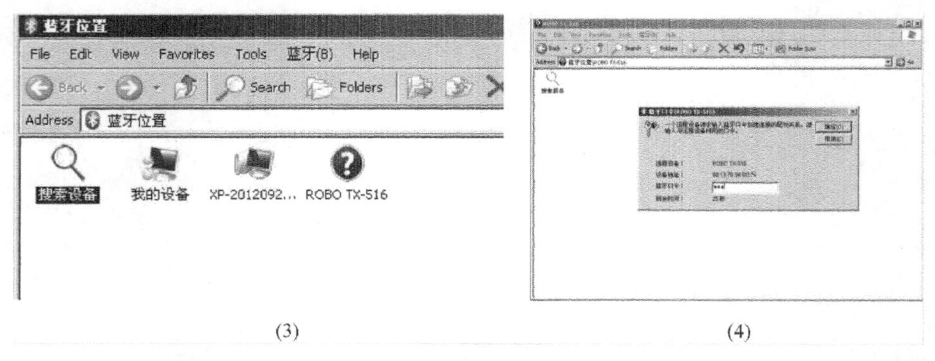

(3)　(4)

(4) 通过 ROBO TX 的液晶屏确认控制器的名称，双击相应设备的图标，输入口令“1234”并单击确定，进行配对，已配对成功的设备不需要再输入该蓝牙口令，直接显示如下窗口：

(5)

(5) 双击蓝牙串口图标，打开服务后将自动获取串口号，显示在图标下方，记住该编号。

(6) 打开 ROBO Pro 软件，单击快捷图标，选择 USB/Bluetooth 端口，单击 ok。

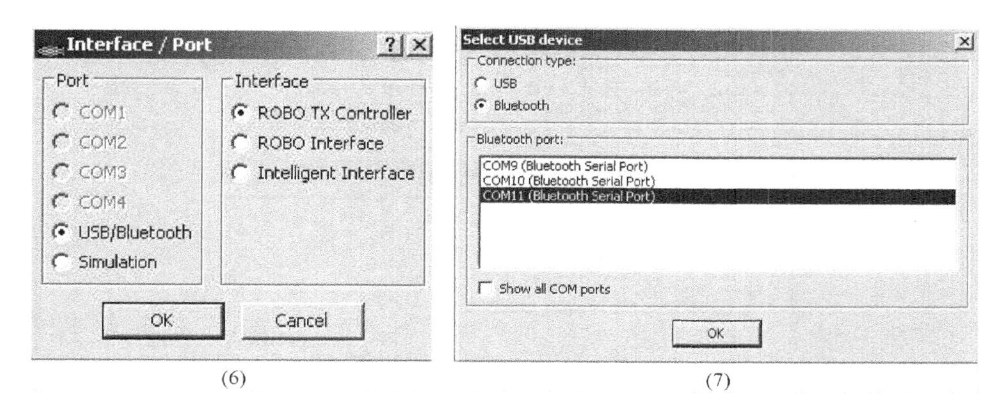

(6)　　(7)

(7) 连接类型选择 Bluetooth，在 Bluetooth port 栏中选择相对应的串口，单击 ok，完成端口设定。

(8) 如果系统中使用多个 ROBO TX 控制器，并且需要通过蓝牙进行通讯，可在 PC 端对其进行配置，单击 ROBO Pro 软件中的快捷图标，打开如下窗口，按下 scan 按钮进行扫描。

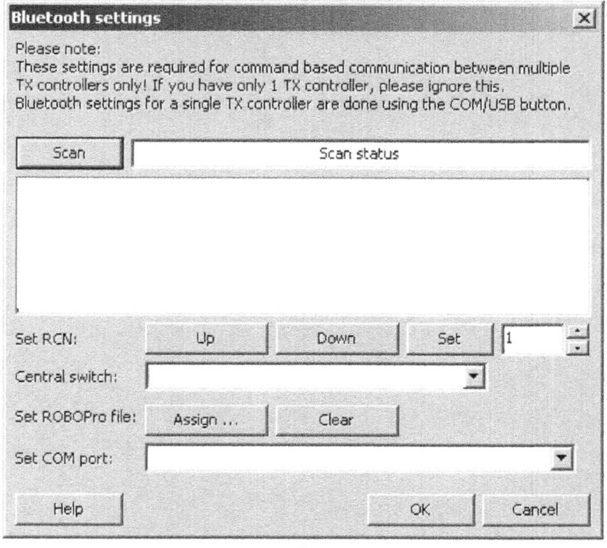

(8)

(9) 电脑通过蓝牙适配器检测范围内的所有 ROBO TX 控制器,并自动为它们分配无线通讯的专线号码(RCN),可以通过 Up、Down 和 Set 按钮手动修改设置。为了便于身份识别,编程时需先给每个参与无线通讯的 ROBO TX 控制器确定一个唯一的 RCN。

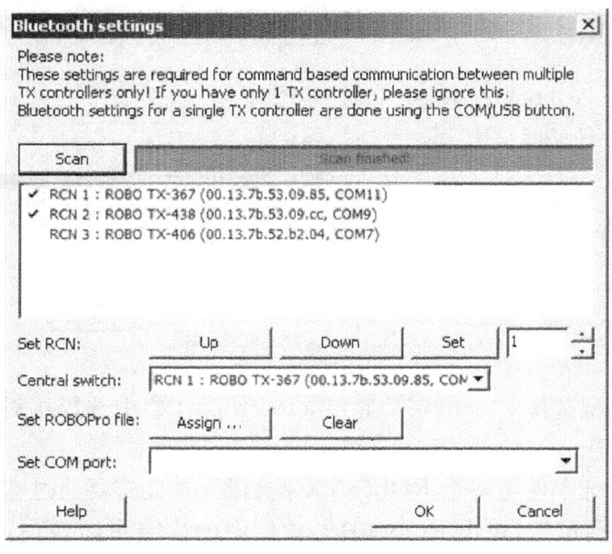

(9)

参考文献

［1］ 吕恬生，刘文煐．机器人趣谈［M］．成都：四川科学技术出版社，1998．

［2］ 刘全良．基于 LEGO 的工程创新设计［M］．北京：机械工业出版社，2006．

［3］ （美）马丁（Martin，F．G．）．机器人探索——工程实践指南［M］．刘荣，等，译．北京：电子工业出版社，2004．

［4］ （日）铃木泰博．机器人竞赛指南［M］．杨晓辉，译．北京：科学出版社，2002．

［5］ （日）清弘智昭，铃本升．机器人制作宝典［M］．刘本伟，译．北京：科学出版社，2002．

［6］ （日）城井田胜仁．机器人组装大全［M］．金晶立，译．北京：科学出版社，2002．

［7］ （日）Brain Navi．机器人集锦［M］．金晶立，译．北京：科学出版社，2003．

［8］ 宗光华．机器人的创意设计与实践［M］．北京：北京航空航天大学出版社，2004．

［9］ 任嘉卉，刘念荫．形形色色的机器人［M］．北京：科学出版社，2005．

［10］ 任嘉卉，刘念荫．人类新异族：探索机器人的世界［M］．北京：科学出版社，2005．

［11］ 谢存禧，张铁．机器人技术及其应用［M］．北京：机械工业出版社，2005．

［12］ （美）门泽尔（Menzel，P．），达卢易西奥（D'Aluisio，F．）．机器人的未来［M］．张帆，钟皓，译．上海：上海辞书出版社，2002．

［13］ （日）西山一郎，兆十．机器人竞赛指南［M］．耿连发，潘维林，译．北京：科学出版社，2001．

［14］ 慧鱼各系列搭建手册［G］：

实验机器人　移动机器人　工业机器人　万用组合包

传感器技术　机器人技术起步　气动机器人　达芬奇机械组合包

［15］ 慧鱼产品说明资料：

ROBO TX 控制器　ROBO 接口板　智能接口板　远红外遥控组　PLC 接口板

［16］ ROBO Pro 操作手册［G］．